基于信任与承诺下的供应链风险与信息共享关系的实证研究

周荣虎 著

燕山大学出版社

·秦皇岛·

图书在版编目(CIP)数据

基于信任与承诺下的供应链风险与信息共享关系的实证研究/周荣虎著.—秦皇岛:燕山大学出版社,2023.6

ISBN 978-7-5761-0509-4

Ⅰ.①基… Ⅱ.①周… Ⅲ.①知识管理–关系–供应链管理–风险管理–研究 Ⅳ.①G302 ②F252

中国国家版本馆 CIP 数据核字(2023)第 057944 号

基于信任与承诺下的供应链风险与信息共享关系的实证研究

JIYU XINREN YU CHENGNUO XIA DE GONGYINGLIAN FENGXIAN YU
XINXI GONGXIANG GUANXI DE SHIZHENG YANJIU

周荣虎 著

出 版 人:陈 玉			
责任编辑:孙志强		策划编辑:孙志强	
责任印制:吴 波		封面设计:刘馨泽	
出版发行: 燕山大学出版社 YANSHAN UNIVERSITY PRESS		电 话:0335-8387555	
地 址:河北省秦皇岛市河北大街西段 438 号		邮政编码:066004	
印 刷:英格拉姆印刷(固安)有限公司		经 销:全国新华书店	
开 本:710 mm×1000 mm 1/16		印 张:11	
版 次:2023 年 6 月第 1 版		印 次:2023 年 6 月第 1 次印刷	
书 号:ISBN 978-7-5761-0509-4		字 数:186 千字	
定 价:44.00 元			

前　言

面对快速变化的外部环境,在信息技术的推动下,尤其是电子商务技术在企业的迅速应用与发展,企业的经营模式与经营观念发生了根本的转变,越来越多的企业感到单靠自身的力量难以适应这种环境的变化,企业间的合作已经成为现代企业适应竞争环境的最好模式,而供应链就是以"双赢"为目的的企业多种合作模式之一。

现有研究对供应链协作信任变量的选择过于单一和陈旧,以至于不能很好地反映供应链协作信任问题的实质。在现有的不同研究背景下信任问题的研究中,组织信任和承诺的各个公认的维度已经被大量使用在相关的研究中,为我们树立应对供应链协作信任的基本思路作出了贡献。但是,以这些变量为基础的研究所得到的结论,具有很明显的背景特征和问题指向,并且所关注的维度比较有限。随着一些新的度量供应链协作信任的变量的出现,我们发现它们对供应链协作信任的研究可能具有更好的应用前景和理论贡献,需要将这样的概念引入本研究的分析框架中,进行新的尝试。

因此,本研究的目的在于:(1)通过对国内外供应链伙伴关系及企业间信任的理论研究,探索供应链内企业间信任的产生机制,并在知识共享背景下进行完善;同时将企业间信任及合作进行适合本土文化的维度划分,拓展基于供应链风险定量测度模型领域的研究,并在此基础上进行供应链风险模型优化与设计。(2)通过以我国制造业企业为样本进行的经验研究,探索供应链内企业间信任的最佳建立方式,发现信任及合作的演化路径以及供应链协调机制,寻找供应链对知识共享的影响。

本书的研究,有助于开阔企业的思路,打造以信任为基础的供应链企业间合作及竞争优势的指导框架。在与对方建立伙伴关系时不仅仅是靠契约、合同来建立合作，而且是通过建立更深层次的信任，使双方的关系更稳定、更持久。通过对江苏、浙江、北京及天津几个省市的制造业企业进行经验研究，揭示不同因素对信任建立的影响、信任与合作间的演化路径，以及信任与合作间的最佳匹配类型。从研究结果可以发现，并不是企业知识共享最强的供应商都是最好的，另外并非任何企业间建立深层次的关系型合作都是最好的，只有当企业间具备了一定的信任程度才可以建立这种合作，否则的话只能导致合作的失败。

本书以"信任"作为研究的切入点，从企业的视角探讨了供应链内企业间信任的建立机制、维度划分以及信任对于知识共享的影响，进而探索出企业通过信任建立供应链伙伴关系的途径，并试图发现企业间信任及知识共享的演化路径。

作者系盐城工业职业技术学院教师，本研究受江苏省产学研合作项目——基于垂直地面普链工件的智能积放物流技术的研发（BY20221011）、盐城工业职业技术学院高级人才科研项目——产业数字化推动江苏制造型企业的供应链信息安全研究（6070014007）、第五届职业教育教学改革研究课题——1+X证书制度融入职业教育人才培养的实践研究(ZYB566)等项目资金支持。

目　　录

第1章　研究背景

1.1　问题的提出

随着科学技术的飞速发展和经济的全球化,市场竞争已不再是企业间在某一时间、某一地点、某一局部市场的竞争,已经转变为供应链之间跨时间、跨空间的多方位竞争。企业要想在市场上取得成功,就必须和供应商、客户建立紧密的伙伴关系,通过供应链的整体协作,增强各节点企业的核心竞争力,从而加快市场的反应速度,在更好地满足市场需求的同时降低成本,提高竞争力。但对于一个成功的供应链来说,各企业之间的相互信任是最重要的前提。因此培养企业间的相互信任是提高供应链管理水平、增加企业合作效率的有效方式。

面对快速变化的外部环境,在信息技术的推动下,尤其是电子商务技术在企业的迅速应用与发展,企业的经营模式与经营观念发生了根本的转变,越来越多的企业感到单靠自身的力量难以适应这种环境的变化。因此,企业间的合作已经成为现代企业适应竞争环境的最好模式,而供应链就是以"双赢"为目的的企业多种合作模式之一。供应链企业之间的协作使得成员企业能够开拓各自的核心竞争力,反过来,成员企业的核心竞争力也有助于提升整个供应链的竞争力。国际上的一些著名的跨国公司,例如惠普、IBM、宝洁、爱立信等,都采用了供应链的管理模式,并且取得了成功。由此可见,供应链将成为21世纪的主流企业合作形态。然而,供应链在帮助企业获得响应市场灵活性的同时,也伴随着合作风险问题。而合作风险产生的根本原因就在于各成员企业之间缺乏相互信任的关系。Sabath和Fontanella(2002)归纳了供应链协作的本质:"……供应链协作是最多被使用的、最容易被误解的、最流行的,也是最容易令人失望的战略……"供应链要适应环境的变化,必须在保证成员各自独立的前提下相互依赖,这就要求成员之间相互信任、真诚相待、信守承诺,这是维持供应链长久生存并促进共同发展的基础。

供应链是把供应商、制造商、分销商、零售商直至最终用户连成一个整体的管理模式,成员企业间大多以契约的形式联系起来,由于信息分布的不均衡,某些成员企业在利益驱动下会产生机会主义倾向和败德行为,这会给供应链整体上的稳定运行带来冲击;如单方面违约、弄虚作假,或泄露合同机密、另起炉灶等,这都会给其他伙伴带来无法挽回的损失。美国一位伙伴关系专家指出:"伙伴关系中有许许多多的议题,但是相互信任是绝对的关键,其他的要素莫不奠基于此。没有信任,伙伴关系无从立基,因此相互信任可以说是合作关系中最根本的要素"。不仅如此,企业界也承认了信任的重要意义。如在一本关于企业关系的书中引用了某企业人士的观点:"……在合作关系中有很多问题,……但信任是真正的关键问题。它是合作过程的基础,没有信任就没有合作关系。它是一个底线……"(Rackman et al.,1996)。

在经济个体之间的相互交往过程中,信任无所不在,只是程度不同而已。20 世纪 80 年代中期,曾经是互不相让的对手的宝洁与沃尔玛开始寻求合作,双方共同开发了一种复杂的电子数据交换连接系统,沃尔玛在充分信任的基础上,与对方共享销售额及价格方面的数据,并把订货的控制权与存货的管理权交予宝洁,宝洁则寻求通过定制、降价等各种方法,来增加商品的销售量,使双方的利润最大化。宝洁与沃尔玛的合作关系说明,即使是强大的对手也可以建立信任关系并从中受益。同时,Honda 与 Donnelly 公司的合作也是一个通过建立信任促进合作关系发展的例子。Honda 美国公司从 1986 年开始选用 Donnelly 为它生产全部的内玻璃,当时 Donnelly 的核心能力就是生产内玻璃。随着合作的加深,相互的关系越来越密切,信任关系被进一步加强,Honda 公司建议 Donnelly 生产外玻璃(这不是 Donnelly 的强项)。在 Honda 公司的帮助下,Donnelly 建立了一个新厂生产 Honda 的外玻璃。他们之间的交易额在第一年为 500 万美元,到 1997 年就达到了 6000 万美元。

目前,我国供应链企业之间的合作关系不尽如人意,其中一个重要原因就是企业间缺乏相互信任的关系。例如"欠款进货"导致合作伙伴产品成本的提高,导致供应链的整体效益下降,并最终影响到成员企业的经济效益。大型零售商普遍向供应商企业按每个品种收取一定程度的"进店费",因此,为了减少费用,供应商不得不减少商品项目数,并给不同的商品印上相同的条码,这影响了零售商的 POS 系统扫描,也给供应商和零售商都带来了额外成本的付出。因此,企业之间的信任缺失将会严重影响到供应链及其成员企业的生存与发展。只有在良好的信任基础上开展合作,供应链成员企业才能减少合作的机会主义风险,降低交易成本,提高整个供应链的竞争力。

为了提高供应链的整体效率,成员企业之间必须建立良好的信任关系;但是,供应链企业间的信任活动也遭遇到一些现实问题。第一,市场环境的快速变化对供应链企业的能力提出了更高的要求,交货准时性、服务响应速度等都会给供应链企业间信任关系的破裂带来一定的风险;第二,近年来,供应链管理模式下的采购-分销系统的产生使制造商和供应商意识到合作关系的潜力,然而,研究结果表明,供应链中各个企业作为一个独立的个体,具有自身的利益,企业很难在寻求保持或增强对合作伙伴的影响力的同时与之建立信任关系,这就意味着,信任要求企业更加相互依赖并放弃一些独立性;第三,信任具有风险性,一方的信任极有可能被另一方所利用,而且一旦采取非信任行为,另一方就会迅速做出降低信任度的举措,信任的这种负面传染性不仅会在合作双方之间产生影响,也会扩展到供应链上的其他成员企业并由此形成连锁反应,从而破坏整个供应链的合作关系。因此,在这种情况下,企业应当给予提高供应链的信任度的活动足够的认识和积极的支持。

由此可见,为了引导和发展供应链合作实践,有必要研究供应链成员企业之间如何建立一个稳定、有效的供应链协作信任关系。供应链成员企业之间只有相互信任时才能够共享订单、库存等信息,理解合作方的事务,定制专门信息系统或投入特定的人力和资源以便减少交易费用,从而获得供应链效率的整体提升。通过建立有效的信任才能促进供应链成员企业间的合作关系,但是,如何快速建立有效的信任,同时在供应链企业间发展和保持已有的信任,这对于供应链企业的信任实践还存在着一定的困惑。

尽管经济学、社会学、心理学、管理学等学科对信任的理解不尽相同(Deutsch,1958;Hosmer,1995;Luhmann,1979,1988;Rousseau,Sitkin,Burt,et al.,1998),但对于信任的重要性认识却是一致的,例如,信任可以促进合作(Gambetta,1988);改变组织形式,改善组织网络关系(Miles & Creed,1995;Miles & Snow,1992);减少交易费用和组织间冲突(Dyer & Chu,2003;Heide & John,1988;Nooteboom,1993;Nooteboom,Berger,& Noorderhaven,1997)等等;同时信任还可以提高供应链整体的反应速度,尤其是面对突发事件和危机时的应变能力。

然而,当前社会的整体信任度偏低,阻碍了合作的发展,企业间的"信"正面临着严峻考验,在经济利益的诱惑面前,企业很难做到"重信轻利"。但企业间的信任是一把"双刃剑",只要正确地把握企业间信任并建立合作关系,一定可以使企业在赢得声誉的同时,获得更多的长远利益,这不仅有益于企业也会有益于社会。

由于信任越来越受到企业的重视,企业需要从信任的视角,建立企业间合作及竞争优势的框架,进而提高整个供应链的竞争优势。福山(1995)指出整个社会的信任程度不仅与企业的发展息息相关,而且对整个经济的发展都有至关重要的影响。通过信任以及合作,制造商(买方)可以得到物料的供应保障,同时获得更低的价格、更好的服务、更多的培训和新产品信息;而供应商(卖方)可以得到更准确的产品销售信息、更好地了解市场需求、拥有更稳定的客户。

近年来信任越来越受到我国学者的重视,但我国对信任的研究和国外相比落后很多。而且我国学者对于信任的研究,多侧重人际间信任、消费者与企业间信任,而专门针对企业间信任的研究较少,尤其是以中国大陆企业为样本的经验研究更是很少见到。因此,企业间信任领域的研究急需推进和深入。

同时,在以往企业间信任的研究中,多是针对西方文化或是以不同文化比较研究为主。中、西方文化存在明显差异,以西方企业为样本的研究结论是否适合中国企业还有待进一步验证。所以说,对企业间信任领域的研究,不仅需要针对中国文化背景进行修改和完善,更需要以中国企业为样本进行经验研究,以便对以往的研究结论进行验证。

1.2　现有研究存在的问题

通过对现有研究的简单回顾,并结合现有研究的不同特点,本研究认为当前对供应链协作信任的研究中还存在着以下问题:

虽然学者们认识到了信任的建立是一个动态发展的过程,但对供应链协作信任的动态性还没有充分地理解,因此,有必要从动态角度分析供应链背景下信任的发展过程。当前对于供应链协作信任的研究文献较少,并且结论大部分是非决定性的,甚至是矛盾的(Larson,1992;McKnight et al.,1998;Uzzi,1997)。与此同时,在复杂不确定的供应链环境下,供应链协作信任与一般关系类型中的组织信任类似,必然具有明显的动态特征。供应链协作信任的动态问题,是笔者为了克服现有研究无法反映供应链协作信任动态特征缺陷而作的一种尝试。因此,有必要首先借鉴其他学科信任的相关研究成果来完善供应链协作信任动态性的概念,从而给出一个比较全面的有关供应链协作信任动态发展的基本过程。只有这样,才能增强现有理论对现实管理能力的解释力,并且为今后的研究开辟新的领域。

制度信任对于供应链协作信任的研究有待加强。Zucker(1986)研究指出了基于制度的信任并不考虑沟通所带来的亲密（Familiarity）和类似（Similarity），而是关注能够支持交易成功实现的客观结构条件。根据现实背景中的分析，供应链协作过程中面临着很多不确定性，成员企业对供应链中发生的各种变化难以预测和控制，而供应链本身作为多个上下游企业相互关系的集合，其必然需要有一个良好的制度环境来保证合作各方之间分歧、冲突的有效解决。然而，现有的研究缺乏对基于制度信任的供应链协作信任的深入分析，同时也忽视了在供应链协作关系的动态过程中制度信任对供应链协作信任的差异性影响。同时，制度也是保证供应链能够成功实施的客观结构条件，对于制度信任的关注能够使我们获得解决问题的新方法和新启示。

对于知识共享对供应链协作信任的影响及它们对再次合作意愿的研究各自为政，缺乏有效的整合，同时，忽视了知识共享在供应链协作信任动态发展过程中的差异性研究。各关键因素对供应链协作信任的影响是全方位的，而且知识共享与供应链成员企业的再次合作意愿这一因素本身就具有密切的关系，这一点在现有研究中已经不容置疑。与此同时，现有文献最多只是单一地研究特定因素对信任的影响，很少有研究它们在供应链协作信任发展过程中动态的差异性影响。并在此基础上提出了培养、发展和稳定供应链协作信任的管理对策，将更可能得出一些切实可行的、有利于提高供应链整体竞争力的措施，这方面的尝试还有待进行。

现有研究对供应链协作信任变量的选择过于单一和陈旧，以至于不能很好地反映供应链协作信任问题的实质。在现有的不同研究背景下关于信任问题的研究中，组织信任的各个公认的维度已经被大量使用在相关的研究中，为我们树立应对供应链协作信任的基本思路作出了贡献，但是，以这些变量为基础的研究所得到的研究结论，具有很明显的背景特征和问题指向，并且所关注的维度比较有限。随着一些新的度量供应链协作信任的变量的出现，我们发现它们对供应链协作信任的研究可能具有更好的应用前景和理论贡献，需要将这样的概念引入本研究的分析框架中，进行新的尝试。

针对供应链企业间信任度低、合作效率差的现状，企业面临的问题是：针对我国的文化背景，如何建立供应链企业间的信任？如何建立供应链信任机制及维度划分本土化？如何才能使供应链内企业间的合作更有效？本书以寻求理论上和经验上解决这些问题作为基本出发点，以本土文化、本土企业作为基本立足点，以期在理论上可以丰富相关领域的研究，并在实践中给企业提供建立信任的指导框架，以提高企业及整个供应链的竞争优势。

1.3 研究目的和意义

供应链合作战略自 20 世纪 90 年代开始受到学术研究和企业实践的广泛重视。SCPM 是节点企业供应链战略实践中的一项核心内容。现有国内外研究成果和企业供应链合作战略的实践,为供应链合作关系建立之后的合作关系信任状态诊断研究奠定了坚实的理论和实践基础。针对我国 SCP 持续阶段信任诊断的迫切需要,本书以系统工程学、决策学、管理学、计算机科学中的分析方法、智能决策支持与智能推理技术为手段,试图探索供应链节点企业合作中的信任程度度量、信任状态诊断与诊断后合作关系的协调框架。

本研究的目的在于:①通过对国内外供应链伙伴关系及企业间信任的理论研究,探索供应链内企业间信任的产生机制,并在知识共享背景下进行完善;同时将企业间信任及合作进行适合本土文化的维度划分,拓展基于供应链风险定量测度模型领域的研究,并在此基础上对供应链风险模型进行优化与设计。②通过以国内制造业企业为样本进行的经验研究,探索供应链内企业间信任的最佳建立方式,发现信任及合作的演化路径以及供应链协调机制,寻找供应链对知识共享的影响研究。

本研究具有十分重要的理论与实际操作意义:

1.3.1 理论意义

拓展关于信任研究的领域,推进供应链企业间信任的研究。我国对信任的研究相对来说较国外落后很多,且目前的研究中侧重于人际间信任、消费者与企业间信任的研究,而专门针对供应链企业间信任的研究较少,尤其是相关的经验研究更少。本书将针对中国企业的文化背景,进行供应链企业间信任的研究,推进这一研究领域的发展。

丰富供应链企业间信任领域的研究方法及研究成果。本书针对知识共享对供应链的影响,完善供应链企业间信任的产生机制并进行信任的维度划分,改变将西方已有成果直接借鉴的思路;同时以我国制造业企业为样本,通过经验研究进行检验。由于目前以国内企业为样本进行企业间信任的研究很少,通过本研究将开拓这一领域的研究方法,丰富这一领域的研究成果。

1.3.2 实践意义

本书的研究,有助于开阔企业的思路。打造以信任为基础的,供应链企业间合作及竞争优势的指导框架。在与对方建立伙伴关系时不仅仅是靠契约、合同来建立合作,而且通过建立更深层次的信任,使双方的关系更稳定、更持久。

通过对江苏、浙江、北京及天津几个省市的制造业企业进行经验研究,揭示不同因素对信任建立的影响,信任与合作间的演化路径,以及信任与合作间的最佳匹配类型。从研究结果可以发现,并不是企业知识共享最强的供应商都是最好的,另外并非任何企业间建立深层次的关系型合作都是最好的,只有当企业间具备了一定的信任程度才可以建立这种合作,否则的话只能导致合作的失败。

通过这些研究,企业在实践中可以避免进入"误区",为企业的发展提供借鉴和指导。通过对信任及知识共享的研究,不仅可以给供应链上各节点企业以指导,还可以提高整个供应链的效率及竞争优势。根据信任与共享的演化路径,可以对不同发展阶段的供应链企业给予不同的战略指导,同时,通过供应链效率的提高,促进库存周转,以实现"零"库存的管理,从而实现企业真正意义上的 JIT 生产。鉴于制造业在我国产业中的重要性,制造业供应链竞争优势的提高,必定对整个经济的发展起到巨大的推动作用。

1.4 研究的内容

通过不同视角对供应链伙伴关系相关文献进行回顾,包括交易费用视角、资源视角、博弈视角和社会学视角,笔者发现,在供应链内企业间合作的影响因素上,尽管各视角关注的侧重点各不相同,但"信任"是各种理论关注的焦点之一,例如,交易费用视角强调意图信任;资源视角强调能力信任和意图信任;博弈视角强调理性信任;社会学视角强调了解型信任和阻止型信任。此外,虽然各视角对信任方式的讨论各异,但信任对合作的影响却是被认可的,也就是说,信任是合作产生的一个必要条件。

因此,本书以"信任"作为研究的切入点,从企业的视角探讨了供应链内企业间信任的建立机制、维度划分以及信任对于知识共享的影响,进而探索出企业通过信任建立供应链伙伴关系的途径,并试图发现企业间信任及知识共享的演化路径。本书的主要研究内容包括以下几方面:

(1) 供应链协作信任的关键影响因素研究

随着外部环境和信息技术的推动,供应链已经成为现代企业适应竞争环境的模式之一。然而,企业在利益驱动下所产生的机会主义倾向和败德行为为供应链协作关系的发展提出了严峻挑战,研究供应链协作信任问题已经成为一项紧迫而重要的课题。本书在对信任动态理论、制度信任、信息共享和专用资产投资等相关研究进行评述的基础上,对供应链协作信任在供应链协作关系发展过程中的变化发展进行了研究,指出了影响供应链协作信任的关键因素,分析了动态过程中各因素对供应链协作信任所实施的动态差异性影响,建立了不同阶段的理论模型,提出了对应的研究假设,进行了规范的实证研究,并提出了对应的管理策略。

对供应链协作信任的动态理论进行了完善。针对目前信任动态理论中比较有代表性的观点,结合供应链企业间相互协作的研究背景,采用了以供应链协作关系为研究导向的供应链协作信任的动态过程,即以"了解阶段—发展阶段—认同阶段"为主线,提出了供应链协作信任动态过程的解释模型,对不同阶段中供应链协作信任的演化过程进行了详细解释,指出了不同阶段中供应链协作信任的对象、基础以及占据主导地位的信任类型。

将制度信任、信息共享、专用资产投资和供应链协作信任、再次合作意愿纳入了统一的供应链协作关系动态框架中进行研究,提出了反映不同阶段因素之间的关系及关系变化的研究假设,并通过结构方程建模对研究框架进行了描述。结构方程模型剖析了依赖制度信任、信息共享和专用资产投资培养、发展和稳定供应链协作信任的路径关系,以及信息共享、专用资产投资和供应链协作信任对再次合作意愿的影响作用的多条路径。路径之间的差异揭示了各因素之间的深层关系,以及它们之间的相互依赖性。

将采用实证研究方法对不同阶段中制度信任、信息共享、专用资产投资对供应链协作信任的影响关系以及信息共享、专用资产投资和供应链协作信任对再次合作意愿的影响关系进行了检验。实证检验了关键假设,揭示了不同阶段制度信任、信息共享、专用资产投资和供应链协作信任、再次合作意愿之间的假设检验结果,并对结果中所体现的结构性关系的含义、所说明的问题、假设未通过的原因解释等进行了论述。在此基础上,提出了相应的供应链协作信任的管理策略,包括建立严格的制度信任、发展安全的信息共享策略和适度运用专用资产投资策略。

(2) 供应链信任产生机制及合作的影响研究

本研究以"信任"作为切入点,从企业的视角探讨了供应链内企业间信任的建立机制、维度以及对合作的影响,进而探索出企业通过信任建立供应链伙伴关系的途径,并发现企业间信任及合作的演化路径。主要包括以下几个方面:

第一,供应链内企业间信任的建立机制。将信任的影响因素研究与机制性研究相结合,把供应链内企业间影响信任产生的因素分为三个方面:①供应商

(受信方)特征,包括供应商的能力、声誉、产品及人员,而产品及人员也就是本书引入的新变量;②企业与供应商(施信方与受信方)的关系特征,包括交往经验、相互依赖性及沟通;③企业自身(施信方)特征,包括企业的规模、性质、所在的地区以及股份制改造情况。

第二,供应链内企业间信任维度的划分。通过对前人信任维度相关研究的回顾,笔者发现这些研究基本上是以西方文化为背景的,而经验研究也都以西方企业作为样本。中西方文化存在明显差异,基于西方文化背景的信任维度划分是否仍然适合中国企业是值得商榷的。因此,本书没有完全采用国外的信任维度划分,而是在以往文献总结的基础上,通过实地访谈,结合中国企业的背景、文化进行修改,将信任划分为"计算型信任"和"关系型信任"两个维度,并以此作为进一步分析的基础。

第三,供应链内企业间信任对合作的影响研究。与以往事先根据即定条件对合作进行分类的做法不同,通过探索性因子分析,针对企业及行业的特色对合作进行分类,并通过确定性因子分析检验其有效性,在此基础上进一步探讨不同信任与合作之间的关系、信任与合作的演化路径以及信任与合作的最佳匹配类型。

本书拟解决的问题为:企业与供应商如何建立信任? 针对以上的问题,本书以制造企业作为调查对象,在借鉴国内外研究成果和实地访谈的基础上,设计企业与供应商之间信任及合作的调查问卷,并在小样本测试的基础上进行修正。大样本调查选择了江苏、浙江、北京、天津四个省市进行简单随机抽样,对假设和模型进行分析和验证。

与企业间信任及合作的已有研究相比,主要体现在以下几个方面:

第一,供应商特征与企业间信任的关系。在供应商的特征中,供应商的声誉和对供应商人员的信任与关系型信任有显著的正相关关系,进而促进合作的产生;而供应商产品的重要性却是通过影响计算型信任促进合作。与国外研究结论不同的是,供应商的能力对企业间信任的影响并不显著。

第二,企业和供应商的关系特征与企业间信任的关系。在企业与供应商的关系特征中,沟通对计算型信任及关系型信任均有显著的正向影响;而交往经验仅对计算型信任有显著正向影响;对于相互依赖性,本书将其分为两个因素,即企业对供应商的依赖性和供应商对企业的依赖性。分析发现,供应商对企业的依赖性可以促进双方的计算型信任。与国外研究结论不同的是,交往经验与关系型信任没有显著关系,而相互依赖性的提高不仅不能增加关系型信任,反而还呈现显著的负向关系。

第三,企业自身特征与企业和供应商之间信任及合作的关系。对于信任而言,中等规模以上的企业倾向于和供应商建立关系型信任,浙江企业看重计算型信任,河北企业则看重关系型信任;对于合作而言,国有企业注重关系型合作,股份制改造后的企业则倾向于计算型合作,而无论是计算型合作还是关系型合作,浙江的水平都是最高的。

第四,供应链内企业间信任与合作的关系。计算型信任和关系型信任均对供应链内企业间伙伴关系的建立有显著影响,但值得注意的是,计算型信任对关系型合作的直接影响为显著的负向关系,这也是本书的一个新发现。即只有计算型信任不但无法使双方建立关系型合作,反而由于太多的利益计算,对长期关系的建立还会有阻碍作用;但如果计算型信任可以转化为关系型信任或计算型合作的话,那就可以促进关系型合作。因此,企业在选择与供应商的合作方式时,一定要兼顾企业间的信任问题。

(3) 基于信任的供应链风险模型优化与设计研究

本书探究引导时间限制是否导致重新优化与思考供应链的库存定位以及是否会影响供应链本身的设计。本研究试图将提前期限制纳入多级供应链设计模型,并在同一模型中将长期决策中的设施选址、供应商选择与中期决策的库存配置补货、交货时间相结合。该模型确保每个客户订单相关的报价提前期以及任何一对连续订单之间供应链的不同阶段中不同库存的补货。使用该模型来研究报价提前期和客户订单频率对供应链设计决策和成本的影响。研究结果表明,提前期限制在成本较高的情况下可能导致制造和分销地点靠近需求区,并选择当地供应商。

Hammami 和 Frein(2014)开发了一种多级 SC 设计模型,同时强制代表性客户订单的 DLT 必须小于或等于该订单的 QLT。大致假设是,代表性订单满足 LT 约束,而不满足规划范围内的所有订单,没有明确指定该假设有效的条件。此外,他们只考虑每个节点中的每个产品都有一定级别的库存,而没有指定和模拟库存策略相关的假设。在实际情况下,由于诸如订单频率高,要保留的高库存水平等诸多因素,并不总是能够在两个连续订单之间补充 SC 的不同阶段的库存水平。当顾客下订单时,配送中心的库存水平可能不足,这导致长 DLT。该模型没有考虑这种情况,因为它假设配送中心总是有足够的库存。因此,模型解决方案可能不适用于某些实际情况。

通过模拟与库存补货相关的 LT 及其与 QLT 的相关性来重新审视

Hammami 和 Frein 的模型。此外,我们整合了在规划范围内按时交付所有订单的条件。与 Hammami 和 Frein(2014)不同,我们还明确地模拟了需求流程和采用的库存策略。我们的建模框架考虑了不同于 Hammami 和 Frein(2014)使用的决策变量和约束。我们的模型比 Hammami 和 Frein 的模型更现实,但也更复杂。

(4) 供应链信任机制与知识共享之间的关系研究

随着信息技术与通信网络迅速发展,企业逐渐意识到一条无缝衔接的同步的供应链带来的竞争优势,供应链知识共享是实现供应链有效管理和协调的关键。供应链知识共享对供应链的绩效,尤其是对降低牛鞭效应(Bullwhip Effect)起到了很大的作用。供应商与客户建立紧密的合作关系并进行知识共享的必要性开始逐渐受到学术界和企业界的关注。信任和承诺是影响跨企业合作关系的重要因素,在中国这样典型的关系型社会更是如此。因此,在中国文化背景下考察信任和承诺对供应链知识共享影响有着非常重要的意义。

构建了供应商与客户间的多维度信任、承诺与知识共享之间关系的理论模型,并以制造业为研究对象,运用结构方程模型对多维度信任、承诺与知识共享之间的关系进行实证研究。研究结果表明,供应商与客户之间的能力信任对计算性承诺与情感承诺有显著的正向影响,对知识共享的影响并不显著;善意信任对情感承诺与知识共享有显著的正向影响,但对计算性承诺的影响并不显著;计算性承诺与知识共享有显著的负向影响,但对知识共享的影响不显著。根据上述实证研究结论,本研究结合中国的文化背景给出相关的管理启示,并阐述了本研究的创新和不足。

主要研究贡献在于:

第一,有助于丰富和发展供应链知识共享研究的理论体系。近年来,供应链知识共享的意愿性因素的影响已引起学术界的重视,供应链伙伴间的信任与承诺对知识共享的作用机理问题逐渐受到国内外学者的关注。本研究从知识共享的意愿性因素的两个核心要素——信任与承诺对信息共享的影响进行研究,以期丰富和发展供应链知识共享的理论体系。

第二,有助于丰富和扩展信任——承诺理论。目前,虽然有些文献涉及信任或承诺对知识共享作用的研究,大部分将信任或承诺视为单一维度进行阐述,这种单一性在很大程度上限制了对信任和承诺这两个多维度属性变量的深层次研究。信任与承诺作为多元双向的社会心理学变量,在不同情境下呈现出不同内涵,应该受到重视,多维度信任与承诺对知识共享的作用值得研究。

第三,有关信任对知识共享的影响研究多以欧美等西方国家为背景,以中国文化背景的研究非常缺乏。本书有助于加深学术界对中国文化背景下的企业关系结构和企业行为的认识。

第2章　文献研究

2.1　供应链企业间信任关系研究国内外现状综述

由采购管理发展而来的供应链战略包括三个关键组成部分:信息流、产品流和 SCPM。产品和服务供应商在核心企业新产品设计开发阶段就参与到其管理当中,通过信息沟通和在经营中的互惠互利能够有效加强供应链的性能和绩效,保证企业生存和竞争优势。SCPM 是实现这一战略的直接武器。本书对供应链企业间信任关系研究国内外现状的评述及分析通过 SCPM 主题枝和组织信任主题枝分别进行。在对当前研究文献分类归纳的基础上,指出了现有研究中忽视的且需要进行改进的内容,进而阐明了本书对 SCP 中信任关系诊断方法的研究正是当前 SCPM 研究中所缺失的、需要进行补充的内容。

2.1.1　SCPM 的基础理论内容

（1）SCP 的概念

在 SCPM 的研究中,什么是 SCP 是一个基础性的研究工作。站在不同的角度对其概念进行阐述的形式也不相同(见表 2-1)。有学者将供需链上的企业合作关系等同于供应联盟看待,它对合作的双方都有好处。

表 2-1　不同角度的 SCP 概念论述

角度	概念
产品链角度	买卖双方企业就供应产品的订货配送方式、目标、步骤达成一致,从而形成的一种有着纵向集成效果的进行式关系
合作效果角度	双方为了取得整体经营绩效而形成的一定时期内的独占关系
合作实现手段角度	通过信息共享、风险共担、利益共享等具体操作内容而形成的买卖双方之间长时间的承诺和协议

尽管 SCP 定义的角度不同,然而各种形式的 SCP 定义都体现了供应链节点企业合作共赢的思想理念。

（2）SCP 的重要性

该问题可分为几个不同的角度来分析(见表 2-2)。

表 2-2　SCP 的重要性

视角	重要性描述
运作策略角度	没有与合作企业间的融洽关系,制造商难以对最终用户的需求作出响应;融洽的 SCP 能降低产品成本和提高质量
环境角度	通过建立 SCP,提高节点企业间的信任程度,能够有效降低采购决策中的不确定性,从而增强企业的环境适应性
竞争优势角度	通过 SCP 促使供应链节点企业变成紧密的伙伴能够帮助企业在经济全球化的环境中保持竞争优势
循环周期角度	知识开发对循环周期有很大影响,直接造成了供应链绩效的差异;而建立真正的 SCP 能使节点企业在信任的基础上分享彼此的技术秘诀和经验知识,因此,必须建立信任的 SCP
与技术对比角度	SCP 的成功运作是运用信息技术的前提
牛鞭效应角度	牛鞭效应这种信息失真现象最早由 Forrester(1961)发现,并在 Lee H. L. (1997,2004)对其详细论述后受到供应链管理研究者和企业经理人的重视。由于牛鞭效应的存在,在供应链合作预测市场需求中,不宜单纯采用契约作为协调节点企业进行信息共享的手段。宜通过信任增强契约的灵活性,保证信息共享以支持通过协同预测来减弱牛鞭效应
供应链绩效角度	只有首先与供应链上下游的企业建立一种合作关系后,才能保证整体上运营绩效的改善
中国企业角度	我国企业在供应商选择上受到很大的限制,因此,改善与现有供应商间的关系,使"断裂"的供应链有机地连接起来显得非常重要。同时,建立信任的 SCP 能够给双方企业带来很多好处。对制造商而言,能缩短新产品的上市周期、降低生产成本、增加用户满意度;对供应商而言,可增加制造商对其投资、加大对其技术改造力量的投入,并提高配送质量

（3）SCP 生命周期

SCP 作为一种客观对象,存在一个孕育、成长、消亡的过程。当前,SCP 生命周期的分类主要有三种观点(见表 2-3)。

表 2-3　SCP 生命周期的分类观点

观点	分类描述
SCP 是一个随时间进展而转变的过程	汤世强等(2003)从交易成本角度研究了 SCP 的形成与发展过程。SCP 生命周期可分为选择合作伙伴、建立合作关系、维持合作关系和解散。从过程管理角度可将其分为伙伴需求分析、伙伴信息收集、伙伴选择和伙伴跟踪管理。也可将其分为意识需要、勘察信息、形成合作关系、关系承诺运行及合作关系解散;还可将其分为市场机遇识别、合作关系建立、详细程序计划、运作和合作关系解散
SCP 在某时间点的体现形式	某时间点的 SCP 在形式上处于从基于业务的关系到战略联盟之间的演变状态
SCP 的历史演变	陈志祥、马士华对 SCP 在不同时期的发展予以评述,将其分为以技术与管理创新为特征的传统企业关系、以制造创新与技术研发为特征的物流关系、以战略协作为特征的合作伙伴关系三个阶段

（4）成功 SCP 的关键因素

要建立成功的 SCP 需要考虑多个关键要素,包括信任、核心企业、市场地位、最高管理层、沟通等(见表 2-4)。

表 2-4　成功 SCP 的关键因素

关键因素	内容描述
信任	Stuart 等(1993,2000)分析了建立 SCP 的影响因素(包括制造商的市场竞争力、制造商所处行业的技术变化速率、供应商所供应的产品对于制造商的重要性等);接着,探讨了选择供应商建立 SCP 中需要注意的因素,包括供应商本身的品质和供应商与核心企业间存在的信任程度。建立信任的 SCP 对于减少价值在供应链组成实体间的循环时间、改善供应链响应能力有着直接作用。协同计划、柔性协调等高程度的合作行为源于供应商对制造商的信任
核心企业	核心企业对于 SCP 的成功运作有着重要作用,它在行业中的影响力、产品开发及导向能力、商誉及合作精神、主导产品的结构、经营思想等都直接影响 SCP 的运作
市场地位	市场优势地位为企业带来的权利是一把双刃剑

续表 2-4

关键因素	内容描述
最高管理层	最高管理层在实施 SCP 时所需的系统变革、组织变革、文化变革必须起到积极作用
沟通	刘丽文(2000,2001)提出建立合作机制的前提是转变观念和建立信任关系;并指出,建立合作关系需分别确定合作内容和程度、需要沟通的信息、沟通方式、建立的具体组织形式

（5）小结

SCP 的实质是节点企业之间的知识协同与资源协同,契约和信任在其中均占有重要的作用,二者互为补充、相辅相成,在企业协同运作时宜于集成考虑。SCPM 基础理论研究是该领域发展的基础,目前其研究较为系统。成功合作关系的案例和关键因素分析等对供应链合作关系的组建、持续及结束管理均有着指导作用。可进一步基于基础理论的研究结论构建 SCP 持续方面的信任状态诊断以及后续的信任协调管理方法。

2.1.2　SCP 的国内外研究现状

供应链管理的源头是日本企业的供应链合作运作,因此,国内外文献对日本 SCP 成功的特点研究较多。同时期,欧美一些研究者与企业管理者也尝试探索由传统的采购管理向供应链管理转变的理论与运作方式。

（1）日本的 SCP

20 世纪 80 年代初期,由于日本的汽车、家电等产品相比于其他国家的同类产品质量高、价格低,迅速风靡全球,日本企业据此而迅速崛起。日本企业与其供应商之间的特殊关系受到全球学者、企业管理者的广泛关注。例如:Dyer 等(1993)全面总结了日本供应链经营管理中企业关系的特点以及日本企业与供应商间的独特关系;Clark(1989)站在产品纬度分析了日本企业与其供应商在产品开发上的紧密合作关系;Seichi 等(1987)从合同关系角度论述了日本企业与其供应商间特殊的合同关系。

（2）中国的 SCP

受日本和欧美供应链管理理论与实践上的双重冲击,我国学者与企业运作专家也逐渐重视 SCP 的研究与运作。发现中国企业 SCP 中存在的问题,对于改善合作关系有着重要的作用。中国 SCP 现状由于经济管理水平相比于欧美等经济发达国家存有差距,因此 SCP 的现状也不甚理想。

（3）中、欧、美、日 SCP 的比较分析

各地区 SCP 现状的对比分析能说明后进地区管理方式存在的问题以及先进地区管理方式的经验。中、欧、美、日 SCP 现状的比较分析主要从三个角度进行(见表 2-5)。通过对不同国家地区 SCP 现状的调查与比较分析进行总结得出：目前中国企业进行 SCPM 的重心是要改善供应链节点企业的信任合作关系以及改善企业经营管理体制与理念。SCP 现状的调查与分析是进行经验总结、明确需要改进问题的有效方法。宏观层面，欧、美、日等经济发达地区的合作伙伴管理经验对我国实施 SCP 有着借鉴意义。微观操作层面，企业在实施供应链战略时需定期进行本企业的 SCP 现状调查与分析，明确企业运作中存在的问题，有效发挥供应链协作的优势

表 2-5 不同地区 SCP 的比较分析

对比角度	分析描述
制度方面	McMillan(1990)、Liu 等(1996)分别对比了日、美企业对供应商的不同管理制度和日、美、中不同国家企业与供应商之间的基本关系问题，对我国 SCPM 的发展有着借鉴意义。我国与欧美发达地区相比，市场机制、社会保障体系、文化背景存在差异。站在市场制度角度，国外供应链合作关系是建立在成熟、规范的市场环境中，社会保障体系也较健全；而我国企业所处的市场环境、产业结构、公用基础设施条件等有很大不同。我国 SCPM 的研究与实施不能够照搬国外研究成果，必须结合目前的实际市场制度、文化背景、历史发展的不同特点
合作与竞争	SCP 可以看成是合作和竞争的集成体，二者相辅相成、共同促进企业 SCP 的发展。日本企业与其供应商之间更多是合作性的伙伴关系，美国更多地体现为竞争性的伙伴关系。而我国不少企业 SCP 甚至还停留在基于采购管理的买卖对立关系阶段
汽车制造业	Bensaou 等(1995)聚焦于美、日汽车制造业，对比了美、日汽车制造商供应链企业间合作关系，进而提出了配置 SCP 的建议

2.1.3 SCP 的组建

组建选择是 SCP 运作的开始阶段，此方面的研究受到了该领域研究者和企业管理者的广泛重视。其研究内容也涉及多个不同方面，主要包括合作伙伴选择的准则与指标体系构建、伙伴选择评价方法研究、伙伴关系组建过程分析、伙伴关系组建的决策支撑研究。

（1）SCP 构建的指标体系

选择恰当合作伙伴组建供应链合作群体的首要前提是确定合作伙伴选择中采用的准则和指标体系，不同的指标体系偏重于不同的能力需求。①准则。自 Dickson（1966）整理出 23 条供应商选择原则开始，供应链合作伙伴选择准则问题一直是研究与实践的重点内容。例如：Weber 等（1991）采用文献回顾的方式，全面分析了 1966 年以来与供应商选择相关的 74 篇文献，着重强调供应商选择准则及分析方法。②指标体系。出发角度不同，所确定的指标体系也就存在一定的差异。然而各指标体系基本上都涉及产品质量、成本控制、交货性能等方面。贾东浇等（2004）提出了包括产品、业绩/表现、技术/能力和支持系统供应链伙伴选择的四层面指标模型。问卷调查是确定评价准则和指标的有效方法。Angeles 等（2000）通过问卷调查的方式研究了电子数据交换（Electronic Data Interchange，EDI）条件下的伙伴选择指标，最终确定了战略承诺、伙伴灵活性、EDI 的连接状况、对高层次 EDI 的准备状况、EDI 的底层结构状况和通信状况六项主要指标。③环境因素。例如：李华焰、马士华（2000）指出，对潜在合作伙伴进行外部评价时需考虑经济环境、技术环境、地理环境、外部信息环境、竞争因素及社会环境等因素。④收益与成本。例如：Vollmann（1998）从建立 SCP 能够获取的收益及须支出的成本角度出发，研究合作伙伴的选择准则。总之，企业运作中需要根据实际背景、目标等选取不同的指标体系。建议在企业操作中建立指标库，存储不同侧重点类别的指标体系。在供应链合作伙伴选择时由参与决策的专家共同从指标库中选取合适的指标子集合。

（2）SCP 构建的选择评价方法

SCP 构建的选择评价方法包括运筹学方法和人工智能方法（见表 2-6）。

表 2-6　SCP 构建的选择评价方法

方法	研究描述
运筹学方法	运筹学的多种理论（如：层次分析法、目标规划技术、多目标决策技术等）都在供应链合作伙伴选择中得到了成功运用。例如：Maggie 等（2001）提出了一个基于层次分析法供应商选择模型，并将其用于企业通信系统提供商的选择；Ip 等（2004）将工程项目领域的伙伴选择问题看作 0-1 规划，应用分支定界算法研究合作伙伴的选择；Roodhooft 等（1996）用 ABC 方法计算由供应商在企业生产经营中导致的附加费

续表 2-6

方法	研究描述
人工智能方法	人工智能技术的成熟促进了供应链合作伙伴选择方法的发展。规则推理、案例推理、人工神经网络、统计学习理论等智能技术用于供应链合作伙伴选择能够得到较好的效果。例如：魏宏业等（2004）将支持向量机应用于供应链合作伙伴选择；Ip 等（2003）构造了基于风险的伙伴选择模型并采取基于规则的遗传算法和项目规划相结合的方式解决合作伙伴选择问题

（3）SCP 构建的决策过程

供应链合作伙伴群体的组建是一系列复杂管理程序的集合，指标体系与评价方法并非其全部内容。企业进行供应链合作伙伴选择的背景与目标千差万别，所采取的合作伙伴选择的决策过程也不尽相同。李华焰、马士华（2000）认为合作伙伴关系组建选择包括资源配置需求、外部评价、过程业绩评价和内部详细分析四个阶段。叶飞等（2003）建立了包括市场机遇实现模式选择、评价指标确定和合作伙伴综合评价的三阶段框架结构。陈菊红等（2001）论述了包括过滤过程、筛选过程和相容合作伙伴最佳组合确定三个阶段的合作伙伴群体组建流程。万映红等（2001）认为伙伴选择任务包括评价模型定义、评价数据的采集处理、评价候选合作伙伴和选择合作伙伴。总而言之，不同的合作伙伴选择过程基本上包括选择程序、选择模型、综合评价、选择结果筛选等内容。现有研究多基于管理学、运筹学来研究合作伙伴选择决策制定过程，对于智能化合作伙伴关系组建决策过程研究较少。人工智能的发展为供应链合作伙伴选择决策过程提供了新的契机，基于智能技术的供应链合作伙伴选择智能决策过程方面的研究还有待加强。

决策支持技术是辅助 SCPM 的重要手段之一。不少供应链合作伙伴组建的评价指标、评价方法、决策过程最终都是通过决策支持系统的方式予以体现。例如：万映红等（2001）设计了伙伴选择的多 Agent 评价体系，在其基础上构造了伙伴选择智能决策支持系统的逻辑结构模型，包括决策层、协作层和通信层；巩亚东等（2003）以层次分析法和模糊优先关系定序法作为评价分析方法，采用 ASP 技术开发了决策支持系统原型。在多个指标体系之间具有通用性的供应链智能合作伙伴关系组建决策支持技术还需要继续进行研究。理论研究的目的是最终指导实践，企业经营决策理念最终多是通过软件的形式加以体现。例如:企业资源计划的管理思想体现为 SAP、Oracle、Forth Shift 等企业的 ERP 软件;财务管理理论多是通过用友、金蝶等企业财务软件的形式加以体现。与其类似,SCPM 的先进理念最终也需要通过企业 SCPM 软件的形式加以体现。因此,强化对于 SCPM 的决策支持软件化方面的研究也是一个需要注意的问题。

简言之,合作伙伴关系组建选择方面的研究文献较为泛滥。研究中需要注意,合作伙伴的选择仅是供应链群体合作战略中的一环,宜从整个供应链战略的高度考察伙伴关系的组建。

2.1.4 SCP 的持续

供应链合作持续主要包括两方面含义:所采取的具体合作行为方式及共赢合作关系的维持。伙伴关系组建和维持相比,更为重要的是维系辛苦建立起来的合作关系,实施具体的合作模式,从而在残酷的市场竞争中保持优势地位。

(1) 维持 SCP 可采用的策略

供应链合作机制保持是一个动态过程,刘丽文(2000)认为可采用的策略有:建立供应链绩效评价体系合理评价合作利益、分享合作带来的共同利益、发挥核心企业在合作中的主导作用;陈志祥(2005)从理论上探讨了优化企业供需合作关系的基本理论,提出了三种优化供需合作关系的策略:基于供应链结构特征的供需合作关系优化策略、基于供需业务组合特征的供需合作关系优化策略、基于供应链生命周期特征的供需链合作关系优化策略。这些研究对 SCP 的维系协调有着指导作用。

(2) 影响长期 SCP 的关键因素分析

诸如财务数据等易量化的内容和诸如信任、承诺等难以量化的内容对于构建长期的 SCP 均有重要的作用。影响长期 SCP 的关键因素除了包括那些成功 SCP 所涉及的因素(如:核心企业、权利、经营理念等)外,还包括共同的企业目标、公平的利益分配机制、专有资产投资、交叉持股、相互信任、新产品联合设计开发等。在维系 SCP 中,公平是非常重要的,尤其是在进行利益分配时更需要根据双方在合作中的贡献大小,公平地分配由合作所带来的利益。在 SCP 的维持过程中,公平可能是比效率更加受到企业重视的绩效评判因素。很多情况下,合作中的不公平性是供应链合作终结的罪魁祸首。信任是供应链企业间合作的基石。信任在促进供应链正常运作中具有重要的作用,培育节点企业间的信任是 SCPM 运作的核心。洪广朋等(2002)以我国台湾地区资讯电子厂商为实证对象,详细探讨了影响合作关系持续性的因素。结果表明,节点企业之间的信任与关系承诺对合作关系的持续最为重要,沟通程度与面临的转换成本次之。企业实践方面,Kodak、IBM、Wal-Mark、P&G、Ford 等著名公司的供应链合作关系运作实例,说明了信任在建立 SCP 中扮演着重要角色。

（3）在 SCP 持续中提高合作绩效的措施

供应商开发程序(Supplier Development Programs,SDPs)源于日本制造业企业与其供应商间的关系管理实践,可以描述为核心企业为了满足其短期或长期的供应需求,而采取的测度、提高供应商提供给其产品或服务绩效的行为集合。站在购买方的角度,当购买方认为当前供应能力无法满足其短期或长期目标时,将会需要实施 SDPs。现有研究中的 SDPs 多数指供应商评估,通过供应商评估,购买方能够确定其供应基地是否能够满足其短期或者长期的商业需求。Krause(1999)、Carr 等(2004)分别站在制造商的角度研究了供应商评估对合作关系的影响。在 SDPs 中采取提高供应链性能和绩效的措施与改善 SCP 是相辅相成的。运作中,很多企业实施 SDPs 并没有最终取得 SCP 改善、绩效和性能提高的效果,因此,需要研究 SDPs 成功或者失败的主要因素。沟通是保证 SCP 持续、提高绩效、改善合作关系中需要注意的一个重要因素,可以描述为企业之间有意义的、适时的信息正式或非正式共享,是改善 SCP 的重要来源。Prahinski 等(2004)以 139 家北美汽车制造业的首层供应商为对象,研究了不同沟通策略对供应商绩效的影响。结果表明,当制造企业使用间接沟通策略、正式沟通策略、反馈式沟通以及协同沟通策略的时候,供应商认为有助于改善他们之间的合作关系。SCP 持续阶段是合作实施的主要阶段,核心内容是采取有效的伙伴关系维系协调方法,保证合作伙伴间的信任,提高合作行为的性能与绩效。然而,当前运作领域研究中对合作持续方面的研究俨然不够系统。尽管已有学者提出了 SDPs,以改善供应链绩效。但其中并未重视到作为 SCP 核心内容的信任,SCP 持续阶段的研究在整体上还有待加强。

（4）供应链合作与联盟

供应链合作与联盟是源于英国建筑行业的一个术语,它以如何建立和运作 SCP 为主要研究对象,包括的主要管理决策过程为:选择需要建立伙伴关系的产品(服务)和市场、公布建立合作关系的意向、选择第一个伙伴企业、实施合作战略、使首个合作关系有效运作、监控和开发新的合作关系。其中每一个管理过程又可以细分为多个子管理过程。供应链合作与联盟管理程序主要关注怎样从无到有建立供应链合作关系,而合作关系建立之后的关系维系管理则仅仅在最后一个管理过程中提及,并未进行深入的探讨。其中更没有包括对合作关系中信任状态进行监控的措施。其实,源于英国建筑行业的供应链合作与联盟与当前我国学者广泛接受的术语——SCPM 在内涵上有着大量重叠,它们最根本的区别是来源不同。因此,本书中采用已经被国内学者广泛接受的术语进行论述。

2.1.5　组织信任主题

近几年,研究者和企业经理人逐渐注意到企业合作中组织信任的重要作用。McEvily 等(2003)更是将信任视为一种组织运行的原则。信任可以减少供应链企业间的交易成本、促进双方合作意愿的增强、改善供应链响应能力,它对于 SCP 的维持有着重要的作用。信任管理作为一个独具特色的研究方向,其研究内容主要包括以下几个方面:

(1) 信任概念

多数学者都同意信任定义呈现出多样性,其定义及测量可看作一个多维决策问题,也是一个呈递升排列的等级问题。信任概念的研究可以划分为三个主要的类别(见表 2-7)。

表 2-7　信任概念的描述

类别	研究描述
等级分类方面	Sako(1992)将信任分为三个呈递升排列的等级:契约信任、能力信任和意愿信任。基于企业间的信任行为对信任进行分类,Currall 等(1995)将其分为处于通信阶段的信任、处于非正式合作协议阶段的信任、处于不需要进行监督阶段的信任、处于工作协同分配阶段的信任
内涵描述方面	对信任的内涵进行描述是信任概念研究的另一种形式。从信赖角度,信任可定义为相信与愿意依赖合作企业的意愿。从义务履行角度,信任可描述为彼此相信合作关系中的双方会以不同程度有效地履行其承诺。从信任评判角度,信任描述为供应链合作中的一方对另一方的信誉和可信赖性的评价。从对伙伴的信心角度,信任是可察觉信任对象的可信赖性与仁慈,一个组织相信其合作企业会主动认知并保护其合作者的权利和利益。从风险承担角度,信任指在不确定性和信息不完全的环境下对合作方的一种期待,相信合作者不会在交易中利用自己的弱点获取收益,并愿意承受对方行为不确定性及其后果

续表 2-7

类别	研究描述
信任概念内涵的共性分析	尽管信任的定义具有多样性,但是信任的定义中均包含以下两个基本元素:认为其他企业是可靠的信念和其他企业也考虑到其供应链合作伙伴的利益,这两个基本元素也被描述为避免机会主义。Jones(2002)通过分析四个代理 A 信任代理 B 的场景,抽取出了信任概念的两个本质:基于规则的信仰(Rule-belief)和基于一致的信仰(Conformity-belief)

（2）信任关系建立

在确保成功的合作伙伴关系中,信任具有比契约更为有效的作用。企业经理人也经常将合作关系失败的关键原因归咎于信任缺乏。而彼此信任的合作伙伴能够突破双方的权力冲突、利润低等合作壁垒,从而形成更大的市场竞争优势。

（3）非信任状态

SCP 并非只有信任状态,还包括信任危机和处于信任与不信任的中间状态,统称为非信任状态。非信任状态的分析可以从三个方面进行。正因为供应链合作伙伴之间的信任状态包括信任、中间状态、不信任三种,所以为进行 SCP 中信任状态诊断提供了可能。宜通过监控供应链合作企业之间的信任状态,根据不同的信任状态采取与之对应的措施改善 SCP,提高供应链绩效和性能。

（4）度量信任程度

信任定义的多样性成为信任程度度量的绊脚石。信任程度度量是当前供应链合作中进行信任关系维系的一个难题,国内外鲜有文献系统地构建受到广泛认可的信任程度度量方法。

（5）信任主题的实证与案例研究

信任管理的研究内容涉及管理学、计算机科学、系统科学、心理学等多个领域。随着企业关系由买卖对立关系向供应链信任关系的转变,信任成为 SCP 的内核以及合作行为的指示器。因此,SCPM 有必要与信任管理进行融合,进行有效的 SCP 信任维系管理以及后续的合作关系协调,并基于节点企业间的信任程度进行经营决策。

2.1.6　供应链企业间信任关系研究中存在的问题

现有国内外供应链企业间信任合作关系的相关研究范围较为广泛,在一些方面也有较为深入的研究。尽管在营销和战略管理领域已就供应联盟进行了详尽研究,如:买卖关系及其建立手段,不同产品或服务宜采用的采购形式及供应关系。然而,站在运作管理角度研究 SCP 持续方面的信任维系管理及后续的信任关系协调的文献尚不够充分。SCP 当前的研究与运作管理中存在以下一些问题。

(1) 未足够重视 SCP 的时间延续性

SCP 在时间上具有一定的连续性,是一个逐渐发展的过程。通过对 SCP 生命周期研究文献的总结可以得出:SCP 在时间纬度跨越组建、维持、结束三个阶段。相比而言,伙伴关系组建阶段和伙伴关系结束阶段历时较短,供应链运作的多数时间是合作关系的维系协调阶段。它是维持已经建立起来的合作关系、保证有效的供应链性能和绩效、在可接受的时间周期内获取期望合作收益的主要阶段。现有研究中对 SCPM 的基本理论、伙伴关系组建选择施以了大量的笔墨。站在时间延续性的角度,SCP 持续方面的管理则是一个更为重要的问题。目前,缺乏针对 SCP 持续中信任状态诊断以及在诊断结果的基础上进行信任关系协调的方法。

(2) 忽视 SCPM 与信任管理的有机融合

当前,信任和 SCP 的研究具有独立发展为主、交叉发展为辅的特点。尽管该领域一些国内外学者,如:马士华、刘丽文、陈志祥、Stuart、Van de Ven、Dwyer、McCutcheon 等,业已专注于供应链节点企业关系中的信任问题,尚需继续促使 SCPM 与信任管理有机融合。信任是供应链合作关系的基础,也是供应链合作行为的指示器。然而,由于不完全信息、不充分信息、法律制度环境不完善等原因,造成了我国供应链节点企业间的信任缺乏。信任缺乏会引发供应链节点企业之间的信任危机。核心企业不会与其不信任节点企业进行新产品联合设计开发、联合问题处理等合作行为,导致了供应链的断裂。因此,急需一种能够监控供应链节点企业之间信任状态的方法,在合作企业间发生信任危机之前予以警示,并为进一步采取有效的措施进行信任关系的修正提供支撑。

(3) 缺乏对 SCP 中信任状态诊断问题的研究

信任是供应链企业间进行合作的基础。广义的信任包括契约执行信任、企业能力信任、主观意愿信任。供应链合作的目的是把握市场机遇,获得期望收益。企业间的信任程度会受到彼此合作中利益分配机制的影响。企业间的信任程度也会反过来影响核心企业所采取的利益分配机制。现有的一些研究(例如:陈容秋教授所在团队的近期研究、孙东川教授所在团队的近期研究)对合作利益的分配模型已经开始进行探讨。然而,理论上关于供应链合作中的信任状态诊断问题一直缺乏研究。调整利益分配机制能够修正企业间的合作关系,可以通过合作关系中信任状态诊断将其纳入 SCP 信任协调的体系框架中。

(4) 智能技术对 SCPM 的支撑不够

尽管人工智能和决策技术业已在供应链合作伙伴选择评价中扮演了重要的角色,但当前人工智能和决策技术在 SCPM 领域的应用远没有发挥其优势作用。在 SCP 持续中的信任关系诊断问题中,存在许多难以用传统管理学和运筹学的理论进行建模与分析、同时又蕴含着丰富的供应链运作专家经验知识的研究问题。这些问题使用传统的方法难以解决或不能取得令人满意的效果,宜采用智能推理与决策技术构建智能化的 SCP 信任维系管理理论与方法。因此,需要推进 SCPM 与智能推理技术的有机融合,以解决信任程度度量的难点和信任状态诊断问题。

2.2　供应链信息共享、信任与承诺相关综述

从某种意义上说,供应链管理就是从信息处理的角度对信息流进行有效管理,它以顾客的需求信息为起点,强调供应链中各企业之间或企业内部之间的信息共享,是对供应商、制造商、批发商、零售商和最终消费者的信息的集成管理。因此,具有稳定而高效的供应链信息技术基础设施、建立良好的信息安全和共享机制、提供充分有效的信息是供应链管理成功的关键。

2.2.1　供应链信息共享

许多学者指出信息共享是供应链有效管理和协调运作的基础,供应链中各节点企业能否实现信息共享是供应链伙伴联盟成败的关键。因此,供应链信息共享一直是供应链管理的研究热点。总结目前该领域已有的研究文献,供应链信息共享问题主要包括以下四个内容:第一,与哪些供应链成员共享信息。供应链核心企业需要决定是与全部还是部分供应链伙伴进行信息共享。第二,共享信息的种类。首先需要明确供应链中可共享的信息有哪些及不同信息的价值和作用;其次,供应链成员要有动机共享信息,在这种情况下,成员间需要选择适合的激励机制。第三,共享信息的技术机制。参与信息共享的供应链成员需要综合考虑信息共享的成本、效益、安全性等因素,选择一种适宜的信息共享模式和策略,并考虑利用哪些信息技术实现供应链成员之间的信息共享。第四,共享信息的收益分配及保障机制。主要解决参与信息共享的各方之间的合理利益分配问题,并通过一定的措施保证供应链成员之间共享信息的动机。

（1）供应链信息共享的价值研究

供应链信息共享是实现供应链协调的关键。供应链信息共享对供应链的绩效，尤其是对弱化牛鞭效应起到了很大的作用。此外，信息共享使供应链成员能够更好地利用已有的资源，降低供应链成本。有效的信息共享还能使供应链对客户的需求作出快速响应，从而提高整个供应链的服务水平。总之，供应链信息共享的价值主要体现在通过信息共享实现供应链协调运作并提高供应链的整体绩效。

（2）供应链信息共享的内容及价值

《韦氏字典》将信息解释为用以通信的事实，是在观察中得到的数据、新闻和知识。信息论创始人香农（C. E. Sannon，美国诺贝尔实验室数学家）认为："信息是不确定量的减少"，"信息是用来消除随机不确定性的东西"。黄梯云等认为信息是关于客观事实的可通信的知识，具有事实性、时效性、不完全性、等级性、变化性和价值性。而供应链信息共享则是指在特定的交易过程或合作过程中，供应链中的供应商、制造商、分销商和客户彼此之间的信息交流与传递（蔡淑琴、梁静，2007）。

供应链上信息的种类繁多，为了方便研究，人们往往会对信息共享的种类进行划分。划分方法有多种，选择的标准各不一样。根据共享信息的层面，Li，Sikora 和 Shaw（2004）将信息分为：第一，交易信息，包括订单数量、价格、销售数据、产品规格、质量和供应条款等；第二，运作信息，包括库存水平、成本和排程、生产和运送能力、提前期和送货等，运作信息只在相邻的上下游之间存在风险；第三，战略信息，包括 POS 信息、实时需求、市场趋势预测、顾客最为关注的要素和产品设计等，战略信息可以在链上共享，供应链上的成员可以利用这些信息来获取战略收益。

根据共享信息的具体内容，Ovalle 等（2003）将共享的信息分为库存信息、销售信息、需求预测信息、订单状态信息、产品计划信息、物流信息、生产排程信息等。这些信息被进一步归类为产品信息、顾客需求信息和交换信息、库存信息等三类。其中，产品信息是供应链成员之间以书面形式传递的原始信息，如产品目录、传真等。顾客需求信息和交换信息指的是对从事商务活动的一些关键信息，如需求预测、生产排程和运输计划等。库存信息则包括了库存状态和库存的决策模型。

根据信息共享的内容与目标、功能，常志平和蒋馥（2003）将信息共享划分为三个层级，即作业信息层（产品品种、价格以及其他有关订单处理的信息）、管理信息层(生产能力、库存状态、供货提前期、送货时间等)、战略信息层(促销计划,市场预测情况,新产品的设计信息、生产成本)。

按照信息流向的不同,Adolfo 等(2004)简化提供了供应链的信息流。从上游向下游的信息有产能信息、供应信息、送货信息。下游向上游的信息有订单信息、预测信息、补货信息。

综合上述对信息的几种典型分类可以看出,不同的供应链信息的分享也会对供应链的运作和管理产生不同的影响。具体而言,从共享不同层次信息的角度看:共享作业层信息,有助于缩短订单处理时间,降低订单处理成本;共享管理层信息(运作层信息),有助于降低库存成本,更好地协调产销关系;共享战略层信息,有助于降低需求的不确定性,增加对市场的快速反应,并且缩短新产品的开发和上市时间。

与 Ovalle 等(2003)相似,廖诺和徐学军(2007)也根据信息的内容从对牛鞭效应影响的角度将信息共享划分为需求预测信息、库存信息和销售数据信息,不包括供应链中的产品信息。上游企业(供应商)通过共享下游企业(客户)掌握真实销售数据和库存信息,能够制订出合理的生产计划和库存计划,并可根据市场变动和下游企业库存的变动调整已有的采购和制造计划。可见,通过共享需求预测信息、库存信息和销售信息,能够有效地弱化牛鞭效应对供应链的不利影响。区伟明等(2006)从供应链管理设计的四个领域,即供应、生产、销售和库存,将供应链信息共享分为采购信息、生产信息、分销信息和库存信息。他们进一步给出共享这四个领域信息的主要价值。

(3)供应链信息共享的作用

已有文献对供应链信息共享的作用的探讨主要集中在优化供应链管理决策、优化供应链成本、促进供应链企业间协同合作、优化服务质量及弱化牛鞭效应等方面。

第一,优化供应链管理决策。信息是供应链管理决策的依据和基础。信息共享对决策的优化主要体现在以下两个方面:节省决策时间并提高决策的准确度;通过有效决策降低供应链成本。在供应链实际运作中,决策者在缺乏足够信息的情况下,一般采取两种策略。第一种策略是依靠少量事实和基于经验的判断,虽能及时作出策略,但决策质量往往不高,且带来不必要的运营成本。第二种策略是等待足够多的准确信息,消除不确定性的情况下进行决策。这种策略在一定程度上可以保证决策的质量,但需要较长的等待时间,在市场瞬息万变的环境下,很容易失去决策的时间价值。因此,有效的供应链信息共享,能够保证决策制定者获得足够的有效决策支持信息和知识,在优化决策制定时间点的同时提高决策质量。

第二,优化供应链成本。信息共享对供应链成本具有一定的优化作用。一方面,如前所述,通过供应链信息共享,能够提高决策质量、加快决策速度,从而实现供应链的有效运作,降低供应链成本。另一方面,通过信息共享能够实现供应链整体的协调运作,从而降低供应链上下游企业间的协调和管理成本。

第三,促进供应链企业间协同合作、优化服务质量。供应链上存在许多的供应商、制造商、分销商、零售商和第三方物流。为了使供应链成员之间保持良好的沟通协作,为客户提供高质量的产品和服务,信息共享成为必然措施。服务水平的提高来源于客户得到更多的附加价值。通过实施信息共享,可以加强供应商、制造商、分销商、零售商之间的整体协作,从而大大缩短提前期,加快物流的配送速度,给客户提供更高的价值。

齐源(2007)指出,通过共享上下游企业的生产进度信息,编制滚动计划,能够保证上下游企业间的活动的同步,增进上下游企业的协同合作。供应链企业间的协同问题不仅包括上下游企业间的协同合作,还包括提供物流服务的物流企业间的协同。杨浩雄和何明珂(2006)针对供应链中物流节点企业间的协同问题进行了较为深入的研究,提出了基于物流信息共享的协同激励模型。作者认为供应链中各物流节点之间是一种委托代理关系,并假定提供物流服务的企业为代理方,接受物流服务的企业为委托方。根据委托方和代理方基于物流信息共享的协同努力对收益进行分配,以此激励整个供应链中所有成员企业加强彼此间物流运作与协同合作。

第四,弱化牛鞭效应。牛鞭效应指的是最终消费者需求量的波动沿着供应链向上级扩大。普遍观点认为,信息共享是缓解牛鞭效应的重要途径。李立等(2006)指出不同的共享信息内容和方式对牛鞭效应的作用也有所不同。其中,销售信息共享模式的直销模式、POS系统、联合计划于优化信息共享方式对牛鞭效应的弱化作用最为显著。廖诺和徐学军(2007)根据不同信息共享模式对牛鞭效应的影响进行了定性分析。为了弱化牛鞭效应,学者们提出不同的对策,如减少不确定性、缩短提前期和供应商管理库存策略等。但无论采取什么方法,最根本的是供应链成员间必须实现信息共享。郝国英等(2007)指出,信息共享对供应商有显著的效益,对零售商的影响不大。因此,为了弱化牛鞭效应,要求下游企业向上游企业提供原本属于自己的私有(需求)信息,这会给上游企业带来额外的收益,但下游企业获得的收益不明显。

2.2.2 供应链信息共享的相关研究

近几十年来,不论是学术界还是商界,对供应链中信息共享的关注度越来越高,大量的研究学者分析了信息共享的作用及其价值所在。早在 1997 年,Hau L. Lee 提出了供应链中牛鞭效应并指出销售数据的结合、库存信息的交换、订单信息的协同以及定价方案的简化可以减小牛鞭效应的影响。此后有更多的学者不断地指出共享诸如提前期、安全库存、需求预测等供应链上的信息能够大大减少库存成本和缺货成本,从而提高整个供应链的绩效。另一方面,也有不少学者探讨了信息共享带来利益的同时也存在着风险和不足,需要合理分配供应链上成员利益来促进信息共享的实现。信息共享有可能会泄露企业内部机密信息,一旦被竞争对手获取后就会使企业处于竞争劣势。供应链上的成员大部分会首先为自身利益着想,隐瞒或虚报数据会时常发生,这样也会导致企业不欢而散,信息共享合作难以维持。针对这种现象,学者研究了不少的策略来防范这种风险。楚扬杰等(2006)指出可以采用长期合同策略,但是更好的方式是设计激励机制使成员的利益风险相一致从而达到供应链的协同。正如 Zhaolin Li 等(2008)指出当供应链系统是协同情况时,那么信息的共享会提高供应链上所有成员的利益,但是如果不是协同的情况则不能带来利益的增加。

信息共享的外置影响因素以及信息共享自身的内置因素的研究在对企业供应链信息共享实施上的帮助是很明显的。通常可以用信息共享技术支持、共享内容层级、共享的质量水平来衡量信息共享的程度(Honggeng Zhou et al.,2007)。其中,如何在技术上实现信息共享等方面备受商界企业的关注,技术水平既可作为自身内部因素来衡量信息共享也常常被视为信息共享的外在影响因素。一些促进和方便信息共享实施的先进技术是供应链信息共享实现不可或缺的条件。在 Mukhopadhya 和 Kekre 等(1995)的研究中,EDI 技术下的信息共享让克莱斯勒公司每年节约了大量的成本。通过 CPFR 技术管理方法,许多企业的销售水平和服务水平都有所提升,库存水平还会相应地减少(Mentzer et al.,2000)。供应链实务包括供应链计划、准时制生产和交货时间方面(Honggeng Zhou et al.,2007),信息系统、决策系统和交易系统的一体化也对供应链中信息共享产生影响(Chinchun Hsu,2008)。但是如果没有站在互相的意愿的基础之上,光靠技术上或是系统上的提升还是很难达到人们理想中的信息共享水平(Fawcett,2009),即人与人之间的交际关系因素在信息共享中还是不容忽略的,尤其是在像中国这样将关系视为很重要的一种资源获取的途径的环境中。传统的交流方式、企业内部的信息共享(Amelia S. Carr et al.,2007),供应链伙伴特性和伙伴关系(叶飞、徐学军,2009),伙伴间的相互信任等关系因素会极大地影响供应链中的信息共享(吕贤睿,2006;叶飞、徐学军,2009)。随着供应链的关注程度的不断提高,供应链中关键因素之一的信息共享也越来越需要受到重视。探索信息共享在关系方面上的影响因素对企业尤其是中国环境下的企业具有很大的帮助。

Fawcett(2007)指出信息技术应用和共享意愿都是影响供应链上信息共享的主要因素,虽然技术条件具备但各供应链成员对于共享信息的意愿往往是单向的,即某一方(通常是信息的需要方)希望共享信息,而另一方(通常是信息的提供方)出于种种考虑不愿意共享信息,这种冲突容易导致信息共享彻底失败。Fawcett(2009)认为只有在意愿性的基础上,高水平的信息技术的使用才是供应链竞争优势真正所需要的。周密等(2006)认为共享意愿是实现信息共享的前提。当企业间缺乏意愿时,仅依靠信息技术,还不能保证企业愿意共享重要的战略信息。此外,根据社会交换理论,供应链伙伴间关系越紧密,彼此越愿意共享信息,信任和承诺是衡量供应链伙伴关系的核心要素(Morgan & Hunt,1994)。因此,可以认为供应链伙伴间的信息共享行为有赖于供应链伙伴间意愿性的形成,而伙伴间的信任与承诺则是衡量这种意愿性形成的关键因素。

文献中已经有少数研究关注到信任和承诺等重要关系特征要素在建立良好供应链合作伙伴关系及促进供应链信息共享中的重要作用,但建立合作伙伴关系后如何进行紧密的合作的研究还比较少,总体来说,对于信任和承诺在供应链信息共享中的作用,学术界还缺乏足够的认识和实证研究。同时,信任与承诺作为多元双向的社会心理学变量,在不同情境下呈现出不同内涵,有关不同维度的信任和承诺如何在供应链信息共享发挥作用的文献很少。

2.2.3 信任

2.2.3.1 信任的定义与内涵

信任在人类生活中起到非常重要的作用,受到中外思想家们的重视,在多个文化传统中得到肯定和倡导。郑也夫(2003)对中西文化的两部代表作《论语》和《圣经》进行了研究,他发现,在《论语》中,"信"出现了38次,而在《圣经》中,trust和confidence也出现了几十次。这说明,信任作为道德的组成部分,被不同的文化传统所提倡和宣扬,且有着非常漫长的历史。

目前,结合不同的理论来源,对于组织间信任的定义有很多种,其中,Morgan和Hunt(1994)的定义是过去多年来最著名和最常被引用的。由于信任的理论研究受到社会学、经济学和心理学等多方面影响,这致使学者们从不同的角度来探索信任这一命题。鉴于信任定义的多面性,笔者把其加以整理如表2-8 所示。

表2-8　信任的定义

作者	信任的定义
Schlenker,Lelm,& Redeschi (1973)	信任因为从其他人那里得到信任而产生的依赖,这一信息是关于不确定性的环境状况及这一危险情势下所伴随而来的结果
Bialaszewski & Giallourakis (1985)	信任是一个人依赖另一个人达到自身目的时表现出来的一种态度
Schurr & Oznnne(1985)	信任是一种信仰(belief),交易伙伴的承诺是可依赖的,他将完成其在交易中的义务
Gambetta(1988)	信任是对他人行动带来利大于弊的明确预期
Gurrall(1990)	信任是依赖和冒着风险的条件下,个人对他人的依赖
Anderson & Narus(1990)	信任是企业的信任,相信其他企业会采取对本企业产生正向结果的行为,而不会做出导致负面结果的非预期行为
Boon Hoimes(1991)	信任是在有风险的情势下,对他人的动机报以一种积极的、自信的期待状态
Sable(1993)	信任就是一方确信另一方不会利用自己的弱点来获取利益
Williamson(1993)	信任从理性的角度来看,是对未来合作可能性的预测
Morgan & Hunt(1994)	信任是指合作的一方对另一方的可靠性和诚实度有足够的信心
Ganesan(1994)	信任是对一个交易伙伴依赖的意愿以及对这一交易伙伴怀有的信心
Mayer,Davi,& Schoorman (1995)	信任是指一方在有能力监控或控制另一方的情况下,宁愿放弃这种能力而使自己处于暴露弱点、利益有可能受到对方损害的状态
Hosmer(1995)	信任是个体面临预期损失大于预期收益之不可预料事件时所作出的一种非理性选择行为。信任包括四个层次的内涵,即个人预期、人际关系、经济交易和社会结构信任

续表 2-8

作者	信任的定义
Nooteboom(1996); 张延峰(2007)	信任是合作者根据协议进行实施的能力以及打算这样做的意图
Sako & Helper(1998)	信任是一个机构对所交易伙伴所持有的期望,即认为对方会以一种双方都可接受的方式行动,并在有投机行为的可能时能够公平地处理
Reinhard Ssprenge(2002)	信任是放弃对他人的监督,因为能预料到他人具有相关的处事能力、高尚的品德和良好的意图
Coote,Forrest, & Tam(2003)	信任存在于一方对另一方诚实(honesty)、可靠性和行动的正直(integrity)怀有信心之时
张侨等(2004)	信任被认为是一种期望对方不会利用自己脆弱性的信心

信任的研究在管理领域的文献中涉及人际信任和组织信任两个不同的层次。不同层次之间的信任具有不同的特点。组织信任又分为组织内信任和组织间信任。前者主要探讨上司与部属之间的垂直信任关系、工作伙伴或同事之间的水平信任关系。后者则是跨组织的,不仅涉及人际信任也包括集体信任。本研究考察的信任属于跨组织这个层次,关注的是供应链上各节点组织间的信任。相对于一般信任的研究,供应链信任的研究文献较少。但近年来,越来越多的学者开始关注信任在供应链管理领域的发展。

供应链信任是指供应链节点企业之间的信任,即供应链中的客户(Buyer)和供应商(Supplier)之间的信任。Geyskens 等(1998)指出供应链信任是指供应链合作伙伴之间认为对方是善意的并且是可信的。Chopra 和 Meindl(2001)认为对供应链合作伙伴来说,信任就是指每个阶段都对其他阶段的利益感兴趣,不会擅自采取措施,而不顾对其他阶段的影响。李良(2004)认为供应链成员间的信任是一个自我强化的期望集合,是成员彼此对对方在不确定条件下能力和行为的稳定预期。这里不确定条件是指包括信息和知识的不确定或不对称,或者说成员彼此对对方在不确定条件下行为规则的主观概率。总而言之,信任的定义根据研究者们所做研究的理论依据、研究背景、研究方法等各有较大的不同,故而信任具有多维度的特征。本研究认为供应链信任是指供应链伙伴之间的信任,就是从系统的观点出发,各伙伴每个阶段都关注其他阶段的利益,使自身的整体利益最大化,并在此基础上利益共享、风险共担。

2.2.3.2 信任的维度

不同学者对信任的理解存在一定的差异,且大多数学者将其视为单一维度的变量进行研究。随着对信任研究的深入,越来越多的学者采用多维度信任的概念,以揭示这一变量的复杂性。

Barber(1983)从社会行动者在社会交往中彼此寄予的预期出发,分析提出信任与行动者预期的不同内容相关联的三种类型信任:①行动者最一般的预期是相信和信赖自然秩序和合乎道德的社会秩序会得到维持和实现,在此基础上构建出的是行动者对于他人能够胜任社会关系和社会制度角色的能力的信任。②第二种预期是相信和信赖与我们共处于社会关系和社会制度中的那些人有技术能力胜任其角色行为,在此基础上构建出的是行动者对于他人能够胜任社会关系和社会制度角色的能力的信任。③第三种预期是行动者相信在社会交往中相互作用的另一方会履行其信用和责任,在此基础上构建的是行动者对所托付责任和义务能够被承担的信任。Barker 的第一种信任由于其一般性特征,更多地受到学者关注,后两种信任(特殊信任)对此后的企业间信任的研究也产生了深远的影响。

有关组织间信任的研究文献中,对于信任的分类大都是基于信任的理性和感性这两个基本属性。Ring(1996)指出信任包括脆弱的信任和有弹性的信任。前者是基于计算性的,即信任取决于对他人是否有回报信任的预测,后者是基于对善意的感知的。McAllister(1995)认为信任要么是基于认知的,要么是基于情感的。认知是计算性的,而情感是关于忠诚和责任的。Remple 等(1985)认为信任的要素包括可预测性、可靠性以及忠诚。Ganesan(1994)认为,信任的定义中包含两个要素:可靠性和善意。可靠性是指合作一方相信对方具有所需要的专业知识来有效地、可靠地完成工作的程度。善意是指当出现双方没有约定的新情况时,合作的一方相信对方怀有对自己有利的目的和动机的程度。Nooteboom,Berger 和 Noodrehtvaen(1997)将信任分为两种类型:能力信任和意图信任。Barber(1983),Sako 和 Helper(1992,1998)强调了能力信任的重要性。能力信任主要是对技术性作用绩效的预期,也即对合作伙伴能力和专长的预期。与能力相对应的另一个维度是善意信任(Ring & Van de Ven,1992;Sako,1992)。善意信任关注交易伙伴的动机和意图,与忠诚、良好的愿望以及正直有关。这一维度是指合作伙伴的质量、意图和特征,而不是合作伙伴的特定的行为。

国内外也有不少学者研究了供应链组织间的信任问题。如 Das 和 Teng（2000）在对供应链战略联盟中的信任、控制、风险的研究中,也将信任分为能力信任和善意信任。Slack 和 Lewis（2002）把供应链的信任分为计算信任、认知信任和情感信任三个维度。他们认为计算信任是信任的初级阶段,通过一定的交往逐渐了解,彼此产生认知,转为认知信任,在认知信任的基础上继续交往、了解产生认同,随着感情的日益加深,发展为情感信任。赵先德和霍宝峰（2006）在对我国供应链整合与管理研究中将组织中的信任分为四个维度:能力信任、契约信任、友善信任及计算信任。组织间信任是以上四种信任的联合体,这四种信任能减少不确定性和潜在的机会主义行为。在促进供应链整合中,计算信任和友善信任尤为重要。同时,他们还提出了另外四种信任的类型:精明信任、能力信任、契约信任和情感信任。精明信任主要是指商业感觉和判断;能力信任主要是指具有的能力和特殊的专长;契约信任是指对方的行为可预测并且对对方的承诺有信心;情感信任主要指对方内心仁爱并且行为正直。杨静（2006）根据我国国情把供应链企业间的信任分为计算性信任与关系性信任。计算性信任是供应链信任的初级阶段,关系性信任是供应链的高级阶段,计算性信任随着双方交往时间的增长、了解程度的增加,双方会给予对方更多的信任,计算性信任就会逐渐转化为关系性信任。

赵先德和霍宝峰（2006）对供应链组织间的信任分类中提出了在供应链整合中计算信任和友善信任的重要性,但没有说明各种信任类型的直接转化关系。Slack 和 Lewis（2003）、杨静（2005）都认为信任是一个演化的过程,从低层次的信任转化为高层次的信任。Munns（1995）认为不管信任的种类如何划分,信任是一个螺旋式发展的过程,信任的发展方向可以向上,也可以向下。

根据现有文献,基于理性的能力信任和基于情感的善意信任是企业间信任获得广泛认同的两个维度。对此,本研究将采用能力信任（Competence Trust）与善意信任（Goodwill Trust）两个维度来衡量信任这一复杂变量。

2.2.4 承诺

承诺被视为交易伙伴获得有价值的结果的关键因素,持久的承诺则是供应链成功实施的基本要求。Kwon 等（2005）指出供应链伙伴间长久的贸易需要双方的承诺来维护,从而达到他们共同的供应链目标,缺乏承诺的商业关系以及之后的交易关系都会变得很脆弱。过去对承诺的研究中,大多数着眼于企业内部的关系承诺,关注个人对某个特定组织的认同以及参与到该组织中的意愿。近些年来,学者们逐渐把承诺放到关系领域来研究,正如 Morgan 和 Hunt（1994）

指出的,成功的关系市场营销核心要素是关系承诺和信任。

2.2.4.1　承诺的定义与内涵

组织承诺是当代组织行为学中一个重要概念,由美国社会学家 Becker (1960)首次提出,最初他把组织承诺看成是员工随着其对组织投入的增加而不得不继续留在该组织的一种心理现象。Becker 认为组织承诺是员工对组织"单边投入"的增加,害怕离开组织会遭受损失,而不得不继续留在该组织的一种心理现象。Becker 还指出员工对组织的承诺是基于"经纪人"假设,是员工与组织之间的一种交易,而非出自任何情感的需要。Porter 等(1974)的研究则主要从情感的角度来阐述组织承诺,他们把组织承诺定义为"个人对所属组织目标和价值观的认同,个人与组织目标和价值观的关系,以及由于这种认同和关系而带来的个人对组织的情感体验"。

组织承诺可以进一步分为内部组织承诺和跨组织承诺。内部组织承诺指的是员工对其组织目标和价值观的认同和接受,以及他为得到希望的结果而为组织作出相当大的努力的意愿(Mowday, Porter, & Steers, 1982; Porte, Steers, Mowday, & Boulian,1974)。跨组织承诺是指核心企业基于有利的结果导向而在与其伙伴的关系中投资的意愿(Cheng,Li,Love, & Irani,2004)。本研究考察的承诺属于跨组织这个层次,关注的是供应链上下游企业(供应商与客户)之间的关系承诺。

承诺的定义主要表现为两大趋势:态度说和行为说(Mowday, Porter, & Steers,1979)。多数观点认为,承诺的态度是对关系的一种长期导向(Anderson & Weitz,1992;Morgan & Hunt,1994),是关系的一方在关系中投入资源的意愿(Dion, Banting, Picard, & Blenkhorn, 1992; Morgan & Hunt, 1994)。Morgan 和 Hunt(1994)认为承诺是指"交易伙伴相信正在进行中的关系非常重要,以至于愿意付出最大的努力来维持这一关系,即承诺的一方相信关系是值得投入的以保证关系能够无限期地持续下去"。

Moorman,Zaltman 和 Deshpande(1992)认为承诺是为了维持有价值的关系的一种持久的愿望。Anderson 和 Weitz(1992)将承诺定义为"一种发展稳定关系的愿望,一种为维持关系而作出短期牺牲的意愿,以及对于关系稳定性的信心"。

承诺的行为体现为一些具体的传递长期导向意愿的行动,在企业间的合作过程中,承诺的一方所采取的承诺行为可以是多种多样的。正如 Brown 等

(1995)指出,从战略的角度来看,公司通过雇用训练有素的员工、参加经销商的理事会、保证独销推销区域、提供独家分销权、投资交易专用资产来对他们渠道成员发出承诺的信号,日常的渠道关系承诺通过一个公司试图影响它的渠道成员采用新程序,修改已存在的程序或是结束无效果或无效率的营销实践的渠道来建立(或破坏)。

因此,在关系双方的互动过程中,承诺的一方可能在不同层面通过多种方式向对方传递承诺信号。向交易的一方发出承诺信号代表着承诺方关系的长期导向性(Narus & Anderson,1986),即承诺方愿意为合作伙伴关系作出短期的牺牲,以获得长期的利益。从这个意义上来说,承诺信号的传递是一种非常有效的跨组织沟通方式,因为这种信号包含着"稳定"与"付出"这两个对关系的持久至关重要的要素。

可见,承诺常被视为一种维持有价值关系的持久愿望及通过投资并承担一定风险来维持更深层次伙伴关系的意愿。只有当双方都表示了承诺的意愿时,企业间的关系才能持续。Mentzer 等(1995)也曾指出承诺暗示了伙伴关系的重要性,承诺方愿意牺牲短期利益来维护长期的利益(Morgan & Hunt,1994)。综上可知,承诺体现了合作伙伴继续维持联盟关系的目的和意愿。

2.2.4.2 承诺的维度

与信任的多维度属性类似,承诺也包含理性和感性成分,取决于承诺的动机是工具性主义还是非工具性主义。换而言之,承诺可能基于经济或外在的关注,如希望经济回报或回避经济惩罚;也可能基于非经济的或内在的条件,如认同对方的内在价值观,这种承诺可能更持久。Mathieu 和 Zajac(1990)、Penley 和 Gould(1998)认为承诺由计算性承诺与情感承诺两个维度构成,前者是一方对关系交换的利益和成本的认同,以及保持这种关系以满足其需要的意愿;后者则是一方对另一方的目标和价值观的认同和情感依恋,是以一种愉悦态度而维持关系的持久愿望。

Brown 等(1995)提出承诺的两个维度是工具性承诺和规范性承诺。他在 Caldwell(1990)等学者对组织承诺研究的基础上指出,认同和内在化以相似的方式起作用,即它们加载于同一个单一因素,这个因素称作规范性承诺。规范性承诺是内在的,因为它是基于对组织的认同和参与,比如说零售商对于供应商的认同和它与供应商共同准则和价值观的内在化。工具性承诺是基于服从的,与规范性承诺不同,工具性承诺的服从是加载于与认同和内在化不同的单独的因素上的。比如,在渠道环境中,零售商对供应商关系间的工具性承诺是由于供应商的外在"对象"(即奖励或惩罚)所驱动的(Brown et al.,1995)。工具性承诺就是一个成员对另一成员的服从,是由外在的奖励或惩罚驱动的。

Huo 等(2007)在对供应链中的权力、关系承诺对供应链整合的影响研究中,对关系承诺也采用了规范性承诺和工具性承诺的分类。Huo 等(2007)认为,规范性承诺与情感承诺的概念相近,工具性承诺与计算性承诺相近。本研究参照上述学者的研究,将承诺分为情感承诺和工具性承诺。

2.2.5 供应链信任、承诺与信息共享之间关系

2.2.5.1 信任与承诺

布劳(2008)认为,在社会交换中信任和承诺对于交易伙伴间相互服务的逐渐扩展是必要的,由于不能强迫他人给予回报,社会交换要求信任其他人会履行其义务。信任和承诺在很多跨组织交易关系的实证模型中都是非常重要的概念(Moore,1998)。信任是履行承诺的前提,承诺是信任的结果,信任程度的高低会影响到承诺的质量。当交易双方的信任程度很高的时候,双方的合作关系将是稳定的与持久的,因而双方的承诺也会高;反之,当交易双方的信任程度很低,双方的合作关系将会是短暂的与临时性的,因而交易双方不会作出承诺(叶飞、徐学军,2009)。在跨组织领域,信任和承诺之间的关系已经得到很多研究的验证。Frazier(1983)指出,对于合作伙伴的信任会随着合作的一方对报酬和损失的评估结果而增加或减少。高水平的满意度对信任具有正向影响,然而高水平的不满意将导致对承诺水平的减少(Frazier,1983)。在一项对营销研究知识的用户和提供者之间关系的研究中,Moorman 等(1992)证明信任对承诺有显著的正向影响。Morgan 和 Hunt(1994)认为,承诺和信任对成功的交易关系来说是非常必要的,承诺和信任导致有助于交易关系成功的合作行为,使关系双方不被短期利益所诱惑而关注长期利益,他们的研究表明信任对承诺有显著正向影响。他们指出当承诺和信任同时存在时,而不仅仅是其中一个或另一个存在,两者将产生促进效率、生产率和效益的结果。他们认为承诺与信任是建立和维护渠道关系的核心,承诺与信任导致良性关系的建立,而这种良性关系又可导致营销策略的成功。

叶飞和徐学军(2009)以广东省珠江三角洲地区 141 家制造企业为调查对象的实证研究表明,供应链伙伴间的信任对承诺有显著的正向影响。潘文安和张红(2006)通过对家电、纺织、IT 等行业上下游供应链伙伴企业的关键员工进

行问卷调查,探讨了供应链伙伴间的信任、承诺对合作绩效的影响,研究显示组织信任、个人信任与合作绩效存在正相关关系,组织信任通过承诺对合作绩效的间接影响明显高于其直接影响,个人信任通过承诺对合作绩效的间接影响明显不及其直接影响。

综上所述,信任和承诺在跨组织研究中受到了越来越多的关注。虽然已有学者验证了组织之间信任和承诺之间的关系,但是多数文献研究的是单一维度的信任和承诺之间的关系,考察不同类型的信任对不同类型的承诺之影响的研究还很少见。在物流管理研究领域,已经有少数学者开始关注供应链上下游企业之间的信任和承诺,但是这些研究大都采用单一维度的信任和承诺,尚未发现有研究对信任和承诺的维度进行细化。本研究将在现有研究的基础上,探讨两种不同类型的信任对两种承诺的影响,以深化对供应链上下游企业之间的信任和承诺的研究。

2.2.5.2 信任与信息共享

信任是影响供应链信息共享意愿最主要的行为因素,而共享意愿则是实现信息共享的前提。Kim 和 Mauborgne 认为信任加强伙伴间合作与共享意愿,一旦人们建立相互信任关系,他们将会非常愿意共享彼此信息。周密等(2006)认为供应链伙伴间信任程度最终会影响到信息共享质量和水平,如合作双方沟通与信息转移的频数及企业是否愿意将其供应链信息公之于众。基于对信息共享行为结果的良好预期,供应链信息拥有者会将生产、市场及预测信息等与对方共享,但同时潜在的机会主义行为会使自身处于风险之中:对方可能并不按照自己的预期行动或不能实现预期的效果。出于对对方的信任,相信对方不会利用机会主义对其造成威胁,按照自己的预期行动或实现预期的效果,信息拥有者才可能产生信息共享的意愿。可见,信任水平越高,机会主义越小,彼此更容易共享信息、交流经验。

J. Scott Holste 通过实证研究的方法证明基于情感的意愿信任与知识共享有正相关性。Levin 等(2004)指出基于能力的信任对知识的接受有显著的作用。知识买卖双方知识共享包括显性知识的转移,如共享生产排程、价格、库存信息等(Kogut & Zander,1992)。以往对信任与信息共享关系研究中,大多数着眼于信任的总体水平对信息共享的影响研究,信任有不同维度,但不同维度的信任对信息共享影响研究极少。本研究将在现有研究的基础上,探讨供应商与客户间不同类型的信任对信息共享的影响,以深化对供应链企业之间的信任和信息共享的研究。

2.2.5.3　承诺与信息共享

有关情感承诺对信息共享的研究较少,大都着眼于情感承诺对意愿性的影响研究。Kolekosfki 和 Heminger(2003)认为交易双方的态度影响信息共享的程度及其类型,情感承诺暗示了依赖对方并渴望维持双方关系的一种态度,愿意为关系进行投资的意图。因此,基于忠诚度的情感承诺也会对信息共享产生影响。承诺能够影响供应链伙伴进行分享私有信息和其他敏感信息,是区分组织信息共享水平高低的重要因素,但是对信息共享的作用却不大(Suhong Li,2006)。Wannyih Wu(2005)指出信任的程度、权利、持续性和交流等会正向影响承诺、而承诺的三个方面情感承诺、规范性承诺和持续承诺的水平又会对供应链一体化产生正向的影响,其中供应链一体化中包括了供应链信息共享。

第3章　理论模型与研究方法

3.1　供应链协作影响因素理论模型与研究方法

以下将首先对供应链协作信任发展的动态过程作一个具体的解释，指出供应链关系发展的动态过程的阶段划分以及不同阶段信任的对象和基础，在此基础上，具体分析供应链协作关系发展的动态过程中制度信任、信息共享、专用资产投资、供应链协作信任和再次合作的意愿这五个关键因素之间的关系，最后给出动态过程中不同发展阶段的理论模型。

3.1.1　供应链协作信任发展的动态过程

根据信任动态理论的相关研究，信任渐进的动态发展过程特性是不容置疑的，信任的动态特征已经被越来越多的学者认识到，然而在供应链成员企业相互协作的情境下的信任究竟是如何动态发展的，这个问题的答案将对于我们正确认识关键因素对供应链协作信任的动态影响具有重要意义。

将这些信任动态理论的研究归纳为两种研究导向：一种是着重于信任演变的动态性，主要研究在信任本身的动态过程中如何寻求最优解；另一种着重于关系发展的动态性，强调观察信任在关系发展过程中是如何变化的，并确信有一些有效的行动过程可以发展和保持关系发展过程中的信任。

在本书作者看来，以上两种研究导向并不是相对立的，实际上两者之间存在着不可分割的联系。信任的动态演变是随着关系的发展不断进行的，而关系的进一步发展也离不开信任的动态演变。在信任的动态演变过程中，下一类信任是上一类信任的发展结果，而在关系发展的各不同阶段中，可以同时存在多种不同类型的信任，只是各阶段不同信任的侧重点有所不同。

无论是从信任动态演化的角度将信任看作是一个单一类型信任的变化过程，还是从关系发展角度将信任视为多类信任的变化过程，都为现实的企业或个体间关系的协作提供了某种方法的指导。但从实际情况来看，更为大多数研究者所接受的还是从关系发展的角度研究信任的动态性。这主要是因为从信任动态演化角度的研究由于过分偏重对单一类型信任演化的简单描述，以至于没有考虑到企业或个体协作关系自身的复杂性，而忽视了复杂多变的关系协作中往往同时存在着多种类型的信任。另一方面,供应链环境下成员企业间的协作存在很大的不确定性。这些不确定性主要来源于供应链成员企业间不对称的信息,另外由于供应链成员企业的目标不同,工作方法因组织管理方式、思维模式以及组织文化等方面存在的差异而有所不同,这些分歧都有可能导致供应链不确定性的产生,且无法从根本上消除,这就使得供应链协作信任相对于一般组织信任有更多的不确定性。为此,本书作者认为,供应链协作信任与一般组织信任一样,也具有动态发展的特性,供应链协作信任动态研究应该在一种考虑了成员企业间关系发展的动态过程,以及多种类型信任可同时并存的角度,才能达到获得有效研究成果的目的,而实际情况下的供应链背景下的信任往往也是多种类型信任并存的。

需要强调说明的是,在本书所遵循的关系发展的动态思路中,并没有放弃对信任演化过程的重视,而是从关系发展的角度突出了多种类型信任的侧重,并通过在关系发展过程中关键因素与信任之间的相互影响和作用,来研究对最终供应链成员企业间的再次合作意愿产生影响。以往的信任研究中,大多忽视了对关系发展中不同信任类型变化的关注。但是随着对大量现实的供应链协作信任现象的观察可以发现,成员企业的关系发展过程中可同时存在的信任类型各不相同。这些关系发展过程中的多种信任类型对于我们进一步研究如何发展和保持供应链协作信任的策略奠定了重要的基础。

在不同的信任动态研究导向的指导下,会衍生出很多不同的信任发展的动态过程模型。在众多的模型中,与本研究所遵循的关系发展动态观所一脉相承的重要模型就是 Nguyen(2005)提出的"了解-理解/认同"企业信任发展的综合模型,该模型把企业间的交易关系发展分为了解阶段和理解/认同阶段,在不同关系阶段,发展和保持信任的对象、基础和机制都各不相同。另外在分析供应链关系发展的过程中我们还借鉴了陈明亮(2003)提出的客户关系生命周期模型,虽然该模型研究的对象是客户关系的发展,但是模型中所描述的客户动态发展对于本研究同样具有一定的参考意义。本书所提出的供应链协作信任发展的动态过程的解释模型就是在 Nguyen(2005)提出的"了解-理解/认同"模型和陈明亮(2003)提出的客户关系生命周期模型的基础上进一步改进衍生出来的,图 3-1 为供应链协作信任动态过程的解释模型,表示了一种可能的供应链协作关系发展的动态过程。

本研究将供应链关系发展的动态过程分为三个截然不同的阶段,即了解阶段、发展阶段以及认同阶段,供应链协作信任也是随着关系的发展不断增强。

解释模型用三种简单的不同形式表示供应链协作信任的不同关系水平:基本信任、信任以及高度信任,仅从字面理解就知道,这三种形式分别反映了供应链协作信任的不同水平,它们分别出现在供应链关系发展的不同阶段里:基本信任在了解阶段后期初步形成,随着重复合作所获得的满意度的加强,在发展阶段后期进化为信任,并在认同阶段进一步加强,从而逐渐发展到供应链协作信任的最高境界——高度信任和完全满意。解释模型描述了供应链关系如何从了解阶段向发展阶段,再向认同阶段不断发展,并在供应链关系发展的不同阶段建立不同层次的供应链协作信任。

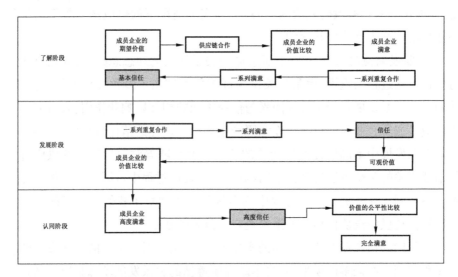

图 3-1　供应链协作信任动态过程的解释模型

3.1.2　动态过程中因素之间的关系分析

3.1.2.1　制度信任与供应链协作信任之间的关系

在现实的管理实践中,的确也会发现制度性的外部客观结构对于组织信任具有很大的影响力。在供应链背景下,有关制度信任的研究则更关心其究竟如何随着协作关系的发展过程对供应链协作信任产生影响。这里牵涉到供应链协作关系发展动态过程的问题以及制度信任在动态过程中对供应链协作信任的差异性影响问题,在供应链协作关系发展的不同阶段,制度信任对供应链协作信任所起的作用也会有所不同。从动态视角研究制度信任对信任的关系,其中一个主要的观点是,在关系发展阶段如何通过制度信任保证组织信任的建立与发展(Pavlouetal,2003)。因此,制度信任就成为衡量企业之间是否可以建立和保持信任关系的主要标志。这一类研究将制度信任分为第三方制度信任和双边制度信任两种类型,第三方制度信任来源于 Zucker(1986)的基于契约和证明的信任建立机制,双边制度信任是对公平的、稳定的和可预言的促使成功交易的程序、过程和规范的主观信心。Pavlou 等(2003)的研究所解决的一个主要问题就是第三方制度信任和双边制度信任在关系发展阶段是如何对组织信任产生影响的。根据对已有文献的总结可以看出,在动态信任理论的研究中,动态过程主要是通过关系发展过程的形式来体现的,而直接对成员企业之间的信任进行控制和诱导的关键就是制度信任。但需要说明的是,虽然制度信任与供应链协作信任之间存在着关系,但是并不能因此而认为这种关系在供应链协作关系的发展过程中是一成不变的,制度信任在动态过程中对供应链协作信任存在着差异性的影响。

　　根据前文的研究,已经识别出了制度信任的五个维度,包括监控的有效性认知、反馈的有效性认知、认证的有效性认知、契约的有效性认知及合作规范的有效性认知,制度信任将从这些方面对供应链协作信任产生影响。另外,根据上一小节的研究,将供应链协作关系发展的动态过程分为了解阶段、发展阶段以及认同阶段三个阶段,在不同的发展阶段,供应链协作信任有着不同的特点。

3.1.2.2　信息共享与供应链协作信任、再次合作意愿之间的关系

　　在对供应链协作信任动态过程的研究中,除了上面提到的制度信任因素外,另外一个同样重要但却没有得到充分研究的因素就是供应链成员企业间的信息共享。随着供应链管理实践中对成员企业的协作能力要求的提高,对于在供应链协作过程中是否应该应用某种能够指导协作行为遵循客观、理性原则的信息共享,以及如何让信息共享帮助成员企业更好地发展协作信任关系等,逐渐成为供应链信任研究领域所关注的课题。

　　信息共享因素在本书研究框架中的引入同样也是在供应链协作关系发展动态过程存在的前提下进行的。在许多研究者们(Morgan & Hunt,1994;Smith & Aldrich,1991)看来,信息共享能够促进信任的发展,但是他们都忽略了供应链协作关系动态发展过程的问题以及信息共享在动态过程中对供应链协作信任的差异性影响问题。因此,在供应链协作关系发展的不同阶段,信息共享对供应链协作信任所起的作用也会有所不同,这一点具体可以通过信息共享的不同维度体现。

　　根据前文的研究,已经识别出了信息共享的两个维度,包括信息共享的程度认知和信息共享的质量认知,本书认为信息共享将从这两个方面对供应链协

作信任产生影响。本研究区别于其他研究的主要特点是更加关注动态过程中因素之间的差异性变化。根据上一小节的研究,将供应链协作关系发展的动态过程分为了解阶段、发展阶段以及认同阶段三个阶段,在不同的发展阶段,供应链协作信任有着不同的特点。下面将具体分析信息共享在供应链协作关系发展的不同阶段对供应链协作信任的差异性影响。

(1)信息共享的程度认知对供应链协作信任的影响

信息共享的程度是共享重要独有信息的多少,它所反映的是共享信息的数量和范围。信息共享的程度认知会影响供应链协作信任。将共享信息简单划分为三个水平,包括必要的事务水平信息、选择性的运作水平信息和情感水平信息。在供应链协作关系的了解阶段,成员企业之间的关系非常脆弱,需要承受潜在交易伙伴的评估以及合作关系进一步发展的相互适应,企业与其合作企业间的交互与沟通非常谨慎,因此,该阶段共享的信息非常少,只是一些供应链企业为提高成本-时间有效性交易必要的事务信息,如订单信息。但是,如果一方在此阶段扩大信息共享的程度,那么受惠的成员企业对这个行为的认知会使其认为这是对方的信任态度,根据信任的传染性特征,可快速建立与另一方的信任,少量的程度认知可以导致更多信任。因此,了解阶段信息共享的程度认知对可信性的影响很大。

发展阶段经过一系列的重复合作与满意后,企业之间的信任关系得到了加强,信任从单一的基于计算的信任向基于知识的信任和基于计算的信任共同为主导的类型转换,企业更愿意提高交易效率,这在很大程度上依赖于可共享信息的范围。因此,共享的信息不仅包括了必要的事务水平信息,也包括了选择性的运作水平信息,这些与企业的价值、共同信念等情感因素无关。因此,在发展阶段信息共享的程度较上一阶段有了提高,但相对于了解阶段,该阶段信息共享的程度认知对供应链协作信任的可信性维度的影响较少些。

在供应链协作关系发展的认同阶段,关注的对象是合作企业,并且在该阶段占主导地位的信任类型是基于计算的信任和基于认同的信任,基于此,供应链成员企业的管理人员投入较少的精力来计算契约成功的可能,企业之间具有强烈的认同感,从情感上依赖于合作企业,信息共享程度上的轻微波动对供应链成员企业之间的协作信任关系影响不大。同时,该阶段共享的信息不仅包括了必要的事务水平信息和选择性的运作水平信息,也包括了情感水平信息。因此,在认同阶段信息共享的程度较上一阶段有了提高,相对于发展阶段,信息共享的程度认知对供应链协作信任可信性维度的影响较少些,而增加了对供应链协作信任善意维度的影响。

根据上述分析,可以推断出:随着供应链协作关系的动态过程,信息共享的程度认知对可信性的影响逐渐递减,而对善意的影响逐渐递增。

(2) 信息共享的质量认知对供应链协作信任的影响

信息共享的质量是共享信息的准确性、及时性、适当性以及可靠性,它所关注的是共享信息本身。信息共享的质量认知也会影响供应链协作信任。在了解阶段,由于成员企业之间相互不了解,合作具有相当大的不确定性,并且成员企业可能已认识到了潜在的风险,企业担心信息会泄漏给潜在的竞争对手,因此,供应链成员企业可能会故意对竞争对手扭曲订单信息,但这也使其供应商和客户无法了解订单的真实信息,信息共享的质量较低。另一方面,该阶段企业行为比较谨慎,如果一方提供了高质量的共享信息,那么受惠企业的信息质量认知会使其认为这是对方的信任态度,根据信任的传染性特征,可以快速培养起与另一方的信任关系,因此,少量的信息共享的质量认知可以导致更多的供应链协作信任。基于此,在了解阶段信息共享的质量对供应链协作信任可信性维度的影响较大。

在发展阶段,经过了一系列的重复合作与满意,企业之间的信任关系得到了进一步加强,企业更愿意提高交易的效果和效率,这在很大程度上依赖于信息共享。因此,在发展阶段信息共享的质量较上一阶段有了提高,但相对于了解阶段,该阶段信息共享的质量认知对可信性的影响较少些。

在供应链协作关系的认同阶段,成员企业关系发展趋向于相互认同,包括需要、偏好、想法以及行为方式等,信息共享的高质量已被普遍认同,并且由于情感意图上的认同,信息共享质量上的轻微波动对供应链成员企业之间的协作信任关系影响不大。因此,在认同阶段信息共享的质量较上一阶段有了提高,相对于发展阶段,信息共享的质量认知对供应链协作信任可信性维度的影响较少些,而增加了对善意维度的影响。

根据上述分析,可以推断出:随着供应链协作关系的动态过程,信息共享的质量认知对可信性的影响逐渐递减,而对善意的影响逐渐递增。另外,信息共享对于供应链成员企业之间已有交易结束后再次合作的意愿是否同样具有影响作用、共享信息的程度和质量是否足够以及是否能够得到成员企业的接受,以至于是否能够积极主动地按照契约的要求进行有效的协作,都会直接影响成员企业对其合作方企业满意度的感知,成员企业根据满意度而产生不同的感受和评价。可以预期,供应链成员企业对信息共享的程度和质量是否满意这样的主观认知感受将会影响他们之间的再次合作意愿,这个影响作用将贯穿于整个供应链协作关系的发展过程。

3.1.2.3 专用资产投资与供应链协作信任、再次合作意愿之间的关系

在研究模型中所引入的另外一个重要因素是专用资产投资。专用资产投资是促进企业间交易成功的辅助措施,任何供应链都可能要面对各种专用资产投资。不同的专用资产投资主要包括专用实物资产、专用管理资产、专用人力资产及专用技术资产。从这些专用资产的类型可以看出,专用资产投资与企业实施契约的能力、可靠性有关,而与企业的价值、情感没有关系。专用资产投资与供应链企业之间的信任存在一定的关系,Suh 和 Kwon(2006)的研究已经验证了这个结论,并且进一步认为专用资产投资是建立在经济计算的基础上的,只与基于计算的信任有关。与此同时,Suh 和 Kwon(2006)研究指出了供应链中专用资产投资与信任之间的关系,但他们忽略了供应链协作关系发展动态过程的问题以及专用资产投资在动态过程中对供应链协作信任的差异性影响问题。也就是说,在供应链协作关系发展的不同阶段,专用资产投资对于供应链协作信任的影响将会具有不同的效果。

Suh 和 Kwon(2006)从供应链合作企业和响应合作企业两个角度分别研究了专用资产投资与信任之间的影响关系,本研究也借鉴了这种划分方法,将专用资产投资划分为合作企业的专用资产投资认知和响应合作企业的专用资产投资认知两个维度,因为只有当企业认识到他所进行的专用资产投资能够促进合作交易的成功,专用资产投资才是有效的。本书区别于其他研究的主要特点是更加关注动态过程中因素之间具有怎样的交互作用,而这个动态过程是通过供应链协作关系发展的形式来体现的。下面将具体分析在供应链协作关系的动态过程中,供应链合作企业和响应合作企业的专用资产投资认知对供应链协作信任影响作用的差异性变化。

(1)供应链合作企业的专用资产投资认知对供应链协作信任的影响

目前,已有不少研究间接地指出了合作企业的专用资产投资与信任之间的关系。例如 Weiss 和 Anderson(1992)认为合作企业的资产专用性可以降低对伙伴关系的不满意,合作企业的资产专用性对合作双方的承诺有着正向的影响(Anderson & Weitz,1992)。虽然 Suh 和 Kwon(2006)研究指出了合作企业的专用资产投资与信任之间的关系,但是对于供应链协作关系发展的动态过程中合作企业的专用资产投资与供应链协作信任之间关系的研究还没有见到相关的

文献。Suh 和 Kwon(2006)认为合作企业的专用资产投资可以提高对其合作伙伴的信任水平,本研究承认 Suh 和 Kwon(2006)的观点,并且进一步认为,在供应链协作关系发展的动态过程中,合作企业的专用资产投资认知对供应链协作信任有着差异性的影响。

在了解阶段,供应链成员企业之间的合作有着很大的不确定性,交易关系很容易破裂,契约的成功实施是了解阶段很重要的合作态度。如果合作企业在该阶段进行专用资产投资,这样的行为表明了合作企业的合作态度,合作企业对其所进行少部分的专用资产投资的认知,会在很大程度上促进供应链协作信任的发展。同时,由于专用资产投资只与企业的能力、可靠性有关,因此它只与供应链协作信任的可信性维度有关。

在发展阶段,通过供应链成员企业之间的多次交互合作,一方可逐渐推测出另一方的行为意图,成员企业间的协作信任较上一阶段有了提高,协作关系也趋向稳定。当进行专用资产投资时,合作企业对其所进行少部分的专用资产投资的认知同样可以促进供应链协作信任的发展,但在程度上与上一阶段相比要轻。也就是说,相对于了解阶段,该阶段合作企业的专用资产投资认知对供应链协作信任的可信性维度的影响较少些。

在认同阶段,供应链成员企业通过不断修正相互的一致性特征而形成的认同情感激发了高度信任,即基于认同的信任,虽然成员企业关注其最终收益,但对短期的利益损失不敏感,因此,专用资产投资的轻微波动对供应链成员企业之间的协作信任关系影响不大。所以,相对于上一阶段,合作企业的专用资产投资认知对供应链协作信任可信性维度的影响较少些。

根据上述分析,可以预期:随着供应链协作关系的动态过程,合作企业的专用资产投资认知对供应链协作信任可信性维度的影响逐渐递减。

（2）供应链响应合作企业的专用资产投资认知对供应链协作信任的影响

供应链响应合作企业的专用资产投资认知与供应链协作信任的关系要更复杂一些。一旦进行了专用资产投资,那么专用资产投资的"套住"效应会使得供应链响应合作成员企业必须采取措施维护专用资产,这些维护措施会导致潜在成本的增加。根据交易成本分析理论,企业在保证目标实现的前提下总是期望尽可能地降低成本,而供应链响应合作企业的专用资产投资会导致潜在成本的增加。Suh 和 Kwon(2006)研究指出,明明知道专用资产投资会增加潜在成本,仍然进行专用资产投资,这导致了供应链响应合作企业对其合作企业不信任。也就是说,由于供应链响应合作成员企业认知到了专用资产的维护问题,因此,具有"套住"效应的专用资产投资使供应链响应合作成员企业对其合作企业总带有怀疑的态度。这种观点(即响应合作企业怀疑论)可以从逻辑上降低供应链协作信任的水平。

通过分析可以得出,在供应链协作关系的不同阶段,响应合作企业的专用资产投资认知对供应链协作信任的影响不同。在了解阶段,供应链协作信任的对象还停留在事件水平,企业非常关注契约的实施以及成功实施契约所带来的收益。如果响应合作企业在了解阶段进行了专用资产投资,由于企业之间的关系很不稳定,那么响应合作企业对其所进行少部分的专用资产投资的认知,会在很大程度上抑制供应链协作信任的发展。也就是说,供应链响应合作企业的专用资产投资认知对供应链协作信任的影响很大,并且由于专用资产投资只与企业的能力、可靠性有关,因此它只与可信性维度有关。

在发展阶段,通过多次的合作能够获得合作企业成功交易的积极经验和合作企业协作及问题处理的态度。在该阶段,成员企业之间的关系与上一阶段相比趋于稳定,当进行专用资产投资时,响应合作企业对其所进行少部分的专用资产投资的认知同样会抑制供应链协作信任的发展,但在程度上与上一阶段相比要轻。换句话说,相对于了解阶段,该阶段响应合作企业的专用资产投资认知对供应链协作信任的可信性维度的影响较少些。

在认同阶段,供应链成员企业之间已经建立了高度信任,即基于认同的信任,企业对短期损失不敏感,并且成员企业之间形成了具有相同价值观和行为意图的认同情感。专用资产投资的轻微波动对供应链成员企业之间的协作信任关系影响不大。因此,相对于发展阶段,供应链响应合作企业的专用资产投资认知对供应链协作信任可信性维度的影响较少些。

根据上述分析,可以预期:随着供应链协作关系的动态过程,供应链响应合作企业的专用资产投资认知对供应链协作信任可信性的影响逐渐递减。另外,专用资产投资与再次合作意愿的关系也是一个值得研究的问题。本研究分别从合作企业和响应合作企业两个角度对这两个因素之间的关系进行分析。早在1990年,Heide和John(1990)就指出了合作企业专用资产投资与持续合作期望正相关。进一步讲,尽管现有研究分析了专用资产投资与再次合作意愿之间的关系,但并没有说明这些影响在前面所提出的三阶段动态过程中有什么差异性的变化。在现有研究的基础上,可以预测,了解阶段合作企业的专用资产投资认知对再次合作意愿的影响要比发展阶段的影响大,发展阶段合作企业的专用资产投资认知对成员企业间再次合作意愿的影响要比认同阶段的影响大。

同时,关于响应合作企业的专用资产投资认知与再次合作意愿的关系,目前还没有见到直接的研究文献,根据"响应合作企业怀疑论"的观点,可以预期,响应合作企业的专用资产投资认知会降低再次合作意愿,并且了解阶段的响应合作企业的专用资产投资认知对成员企业间再次合作意愿的影响要比发展阶段的影响大,发展阶段响应合作企业的专用资产投资认知对成员企业间再次合作意愿的影响要比认同阶段的影响大。

3.1.2.4　供应链协作信任与再次合作意愿之间的关系

在现有的企业伙伴关系研究文献中,关于再次合作意愿的研究,大都将其视为一个后果性因素(Johnson & Grayson,2005),本研究也采用了这种做法。在本书中将供应链成员企业的再次合作意愿作为一个后果性因素引入理论模型中主要基于以下原因。首先,培养供应链协作信任的主要目的就是要使得供应链成员企业间合作关系快速发展和稳定,具体讲,就是和成员企业的再次合作意愿有关,再次合作意愿反映了未来供应链成员企业之间关系发展的趋势。其次,现有对供应链协作信任与成员企业的再次合作意愿之间关系的研究忽视了供应链协作关系动态发展的不同阶段中两个因素之间作用的差异性变化。作为对现有研究的一个改进,有必要研究不同阶段供应链协作信任的可信性和善意对再次合作意愿的影响。

可信性是供应链中的一方按照预期方式有能力履行契约中承诺的可能。本节的研究表明,基于计算的信任在不同阶段都有所体现,而其关注的对象和基础并不相同,这也使得不同阶段供应链协作信任的可信性维度对再次合作意愿的影响程度也不同。在了解阶段,成员企业关注经济利益的计算和契约的实施,非常关注短期获利,在发展阶段,成员企业在长期利益不受影响的前提下可以容忍小范围的短期损失,但总体上供应链成员企业始终关注成本/收益问题,当供应链协作关系发展到了认同阶段,成员企业同样可以在保证长期利益的同时容忍短期损失,而且其容忍的范围较上一阶段更大些。Ratnasingam(2005)认为基于计算的信任实质上反映了可靠性、诚实和能力。因此,发展阶段的可信性对再次合作意愿的影响比了解阶段的影响小,认同阶段可信性对再次合作意愿的影响比发展阶段的影响小。

善意反映了供应链成员企业间的积极态度。基于知识的信任和基于认同的信任反映了供应链协作信任的善意维度,本节的研究表明,基于知识的信任和基于认同的信任分别在供应链协作关系的发展阶段和认同阶段占主导作用。

在认同阶段,通过发展供应链成员企业的共同特征,包括需要、偏好、想法和行为方式等使得成员间的信任关系由一般向高度转变,因此基于认同的信任比基于知识的信任反映了更多的善意意图。可以认为认同阶段的善意对再次合作意愿的影响比发展阶段的影响大。

3.1.3 理论模型的建立

经过以上分析,本书建立了包括制度信任、信息共享、专用资产投资、供应链协作信任和再次合作意愿五个因素及其作用关系在内的理论模型。根据供应链协作关系发展的动态过程划分,该理论模型具体可分别通过了解阶段、发展阶段和认同阶段的理论模型图体现(见图 3-2、图 3-3、图 3-4)。从理论模型图中可以看到,在供应链协作关系发展的不同阶段,因素之间的关系有所不同。在了解阶段,对可信性起直接作用的包括"监控的有效性认知""反馈的有效性认知""认证的有效性认知""契约的有效性认知""合作规范的有效性认知""信息共享的程度认知""信息共享的质量认知""合作企业的专用资产投资认知""响应企业的专用资产投资认知"。同时,对再次合作意愿起直接作用的包括"信息共享的质量认知""合作企业的专用资产投资认知""响应企业的专用资产投资认知""可信性"。在发展阶段,供应链协作信任增加了善意维度,"反馈的有效性认知"和"合作规范的有效性认知"对"善意"起作用,同时,"善意"也对再次合作意愿起直接作用。在认同阶段,除了发展阶段因素之间的关系外,"信息共享的程度认知"和"信息共享的质量认知"对"善意"也起着直接的作用。

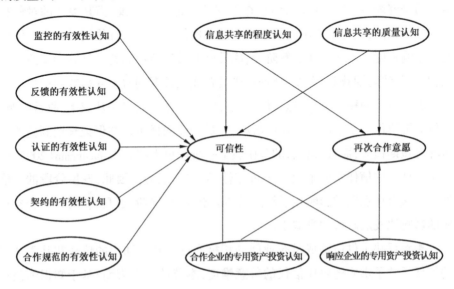

图 3-2 了解阶段理论模型

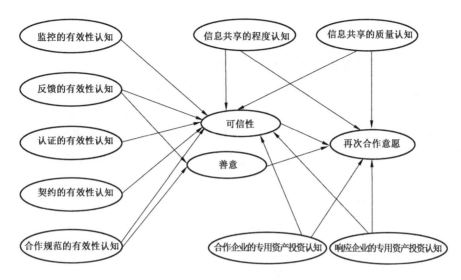

图 3-3　发展阶段理论模型

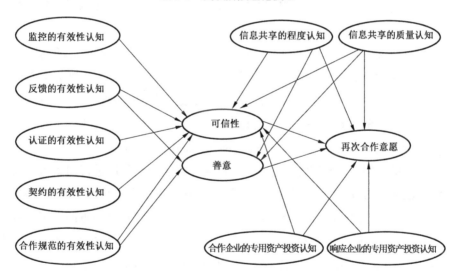

图 3-4　认同阶段理论模型

当然,不同阶段的理论模型只能表明各因素之间存在着直接作用关系,但却无法反映因素之间的关系随着供应链协作关系阶段发展过程的差异性程度的变化。在此理论模型指导下,有关上述这些因素之间的具体关系以及关系的差异性变化将通过下一章的研究假设部分进一步详细阐述。

3.2　供应链信任产生机制的相关文献研究

目前,国内外学者已经从多个视角对供应链内企业伙伴关系进行探讨,包括资源视角、交易费用视角、博弈视角等,并在不同层次、角度、程度上,揭示了其内在规律。

3.2.1　基于交易费用视角的供应链伙伴关系

新古典经济学中假设交易无成本,即交易费用为零。科斯1937年发表《企业的性质》首次提出交易费用(Transaction Cost)的概念,认为市场运行中存在着"交易费用"。该理论主要关注企业在组织其跨边界活动时,如何将生产费用和交易费用最小化,供应链伙伴关系就是企业间为了实现某种战略目标而达成的一种契约关系,是企业间合作的一种方式。

Williamson(1975)的研究细化和发展了这一理论,总结出了交易费用的决定因素,增强了这一理论的可操作性。研究中将这些因素分为两类:一类是有关交易主体行为的;一类是有关交易特性的。具体分析如下:

人的有限理性。在古典经济学中假设人都是完全理性的,然而在现实的经济活动中,由于认知能力有限、信息不完全等原因,使得人的理性往往是有限的。

机会主义的存在。所谓机会主义行为,指的是交易主体在经济活动中为了将自己的利益最大化,不惜利用对方弱点损害对方利益的行为。机会主义行为的存在增加了交易的复杂性,同时增加了市场交易费用,如搜寻信息的费用、签订详细合约的额外费用等。因此交易个体的机会主义动机、利己行为的大小都会影响合作的方式(Nooteboom,Berger,& Noorderhaven,1997)。

资产的专用性。专用资产是为了支持某一特定的交易而进行的耐久性投资(Williamson,1985)。如果合作被破坏或结束,则专用资产的转换价值非常低,甚至没有任何其他用途(Batt,2003;Williamson,1985)。所以说当一方的专用性资产投入越多时,对另一方的依赖性就越强,合作的风险也就会越大(Anderson & Weitz,1989;Gao,Sirgy,& Bird,2005)。在交易中若双方同时投入大量的专用资产,那就可以增加相互的信任,这是因为转换成本的存在可以减少机会主义行为(Anderson & Weitz,1992;Batt,2003;Ganesan,1994;Williamson,1985)。

交易的不确定性。市场环境的变幻莫测、双方信息的不对称都会增加交易的不确定性(Kwon & Suh,2005;Lee,Padmanabhan,& Whang,1997),使交易、契约的签订变得复杂,同时增加交易的费用。Koopmans(1985)将这种不确定性分为两类:一类是初级的不确定性,是由于市场环境的变化和消费者偏好的改变所带来的不确定性;一类是次级的不确定性,是由于交易双方信息、依赖性不对称而导致的不确定性(史占中,2001)。

交易的次数。随着交易次数的增多,交易信息的收集费用、交易过程中的签约费用会大幅度增加。但多次的合作使得双方相互了解、信任度提高,同时机会主义行为减少、合作的风险降低,有利于合作效率的提高(Anderson & Narus,1990;Batt,2003;Dwyer,Schurr,& Oh,1987)。

Nooteboom,Berger 和 Noorderhaven(1997)对双方的依赖性、资产专用性和机会主义行为的相互作用,以及这些因素对合作的影响进行了探讨,经验研究的结果如图 3-5 所示。

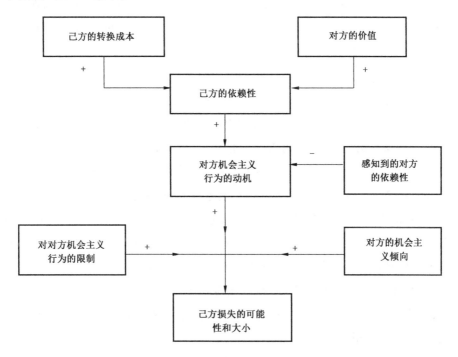

图 3-5　基于交易费用视角的分析框架

交易费用在企业的总成本中占有很大的比重,并对交易的效率有很大影响(North,1990;Williamson,1991)。North(1990)指出交易费用会占到经济活动总费用的 35%~40%。而伙伴关系的建立正是有利于交易费用的降低,笔者按照Williamson(1975)的交易费用决定因素进行了分析。

首先,由于合作伙伴的长期交往、相互了解的加深、信息交流的通畅,搜寻信息的费用会有所降低(Dyer & Chu,2003);同时双方的相互交流使得技术、文化相互渗透,彼此的认同就会降低交易费用(Dyer & Chu,2003;Houston & Johnson)。

3.2.2　供应链间信任的维度

信任的维度划分也是多种多样的,许多学者根据不同的标准对信任的维度进行划分(Barney & Hansen,1994;Lewicki & Bunker,1995;McAllister,1995;Rousseau,Sitkin,& Burt,et al.,1998;Sako,1992;Zucker,1986),以下将根据信任的程度以及信任的发展阶段,将前人的研究进行归纳总结。

3.2.2.1　弱信任、半强信任和强信任

Barney 和 Hansen(1994)认为,信任是在交换过程中,对另一方不会利用己方弱点的信心,在不同的交换过程中会有不同类型的信任,可分为三个维度:弱信任(Weak form Trust)、半强信任(Semi-strong form Trust)和强信任(Strong form Trust)。

弱信任的前提是机会主义的有限性,对于另一方不会利用己方弱点的信心,来源于在这一交换过程中,己方并没有太大的弱点(Barney & Hansen,1994)。在这一情境中,认为对方是可信赖的,这种信任不依赖于管理机制,也不依赖于对方的承诺,而是产生于机会主义行为的有限性,这种信任就是弱信任(Barney & Hansen,1994)。弱信任也有它产生的特定环境,在产品价值易估计且交易双方没有专用投资的情形下,就会产生弱信任。威廉姆森认为,这种弱信任易产生于高度竞争的产品市场(Barney & Hansen,1994;Williamson,1979)。农产品市场就是一个典型的例子,市场上有足够多的买家和卖家,产品的质量易衡量,双方无任何专项投资,交易双方因为机会主义行为有限、失信的可能性小而相互信任。但由于市场是不断变化的,双方仅维持一种弱信任对于联盟的发展是不够的。

半强信任可以被认为是一种"治理信任(Trust Through Governance)",当联盟双方在交易中均存在显著的弱点时,双方通过治理机制限制机会主义行为,这时就会产生半强信任(Bamey & Hansen,1994)。半强信任是通过各种治理机制得以实现的,这些治理机制一方面是基于市场的,企业在市场上的声誉就是一种基于市场的治理机制(Barney & Hansen,1994;Klein,Crawford,& Alchian,1978)。由于机会主义行为会降低企业的声誉,使得潜在的损失会超过短期收益,这时声誉通过增加违约成本来限制机会主义行为。而企业也可以通过订立周密的合同去阻止机会主义行为,完善的合同会使得违约的成本明显增加,从而降低机会主义行为的可能性(Barney & Hansen,1994;Hennart,1991;Kogut,1988;Williamson,1979,1985)。另一方面是基于社会的治理机制(Granovetter,

1985)。在企业联盟与合作中,社会网络、企业的嵌入性都是必须考虑的因素,因为网络资源会增加企业的违约成本,企业的一次机会主义行为,会使网络中的所有企业对其失去信心,由此机会主义行为会明显降低(Dimaggio & Powell,1983;Klein,Crawford,& Alchian,1978)。总之,半强信任通过各种规范的治理机制来降低机会主义行为,以保证企业自身的弱点不会被对方所利用。

强信任是指合作双方在交易中均存在巨大的弱点,且无论有没有完善的治理机制,双方依然可以相互信任,这就是最深层次的信任(Barney & Hansen,1994)。强信任来源于对行为准则、企业文化和价值观等的相互认同,这种信任主要可以分为两方面:一方面是对合作方企业文化及行为方式的认同;另一方面是对合作方的具体人员的信任和认同(Barney & Hansen,1994)。企业人员,尤其是创业人的行为方式,会对企业的文化和行为准则产生很大的影响(Barney & Hansen,1994;Zucker,1987)。

3.2.2.2　谋算型信任、了解型信任和认同型信任

Lewicki 和 Bunker(1994)认为,不同类型的信任在连续的重复过程中是相连的,一个层面上信任的达成,可以促进下一个层面信任的产生,并根据信任的不同层面将信任划分为谋算型信任(Calculus-based Trust)、了解型信任(Knowledge-based Trust)和认同型信任(Identification-based Trust)。与此类似,McAllister(1995)将信任分为认知型信任(Cognition-based Trust)和情感型信任(Affect-based Trust)。

针对 Lewicki 和 Bunker(1994)的研究,首先是谋算型信任,亦有学者称之为基于计算的信任或基于制度的信任(Sako,1992)。谋算型信任通过外界环境提供的可信性证据来预测对方的行为方式,例如,通过合同、契约等方式来建立关系,关系双方可能彼此并不了解,更多的是对法律制度的信任,所以说也称之为基于制度的信任(Zucker,1986)。在这种商业关系中,信任的对象是制度而不是对方,所以也认为是被"弱化了的信任"(Koehn,1997)。在这种关系中,双方关心的是合同的完善性、契约的可执行性,对控制力度的关心要高于信任,所以说在谋算型信任中要把握好信任与控制的相互关系。

其次是基于了解的信任,也是一种情感信任。在双方相互了解、信息对称、行为可预测的基础上,会产生基于了解的信任(Lewicki & Bunker,1994)。在商业关系中仅有谋算型的信任是不够的、不容易长久的,因为它更多的是一种功利关系。而基于了解的信任关系更多的是一种友谊关系,当它建立于商业关系

中时,它就超越了简单的功利关系(Koehn,1997),更多地依赖于双方的人格而不是合同,关系双方不仅会考虑自己利益的最大化,同时也会考虑到对方的利益,容忍对方的过错,不会因为短期功利而损害长远利益,带来的也就是关系的持久化。

最后,信任的最高形式是基于认同的信任。当关系双方具有类似的目标、相同的价值观或者文化时,就会产生基于认同的信任(Lewicki & Stewenson,1997;Koehn,1997)。这种形式的信任需要长期的积累,经过长期的交往、信息的交流、人员的相互培训,双方的企业文化已相互渗透,任何一方都认为自己的行为方式和对方是一致的,并可据此推断对方的行为,这时才可能产生基于认同的信任,但是这种信任在商业关系中很难存在,更多地产生于相互了解或存在既有关系的个人当中。

在商业关系中,不是所有的信任都可以发展到认同型信任。对于一次性的交易,可能第一阶段的谋算型信任就足够了;对于长期的合作伙伴,出于对长远利益的考虑,会与对方建立了解型的信任甚至是认同型的信任。但无论是哪种类型的信任,都是建立在前一阶段的信任充分发展的前提下,对于信任的发展过程如图3-6所示。

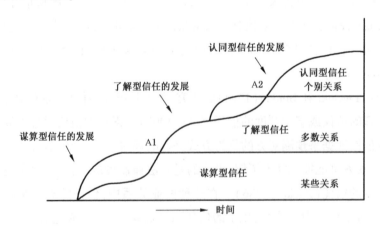

图3-6 信任的发展过程

注:A1——在此点处,一部分谋算型信任关系转化为了解型信任关系;

A2——在此点处,为数不多的了解型信任关系转化为认同型信任关系。

3.2.2.3 计算型信任和关系型信任

本研究中对信任维度的划分将借鉴前人的研究,但考虑到以往的研究都是以西方文化为背景的,经验研究也都是以西方企业作为数据样本的,而以中国企业为样本,进行企业间信任关系研究的却鲜有见到。中国文化与西方文化有很大的不同,所以本书的维度划分将借鉴前人的研究,并在访谈的基础上进行修改,试图寻找更适合中国企业的信任维度划分。

信任对方主要包括:一是信任对方的动机,其次是信任对方完成合作目标的能力。而在实践中,往往是先考察对方的能力,然后才考察其动机(张延锋,2003)。因此,参照 Lewicki 和 Bunker(1994)研究中信任的发展阶段,将本书中企业间信任的第一个层次定为"计算型信任",也就是信任的理性部分。

在计算型信任中更多的是考虑企业间的功利关系,由于当前社会的整体信任水平较低,大多数企业在信任对方时首先考虑的是对方的能力,而非善意、动机。在陌生企业间更是以正式的契约、合同为主,企业间的信任来自契约的限制或是双方的相互依赖性,违约成本使得机会主义行为的利益不足以弥补损失。因此,企业间的信任完全来自成本和利益的计算,一旦机会主义的利益高于成本时,违约行为依然可能发生。

对于企业间信任发展的第二个阶段,参照 Lewicki 和 Bunker(1994)的基于了解的信任和基于认同的信任,以及 McAllister(1995)的认知型信任和情感型信任,将其整合并作为本书中企业间信任的第二个层次"关系型信任",也是信任的感性部分。高承恕和陈介玄(1991)在探讨了港台及海外华人企业之间的信任关系,并与西方比较后发现,华人企业间信任关系是人情连带和理性计算的结合,关系网运作是华人企业的基本运行逻辑(Hamilton & Chengshu Gao,1990;孙宝文,2004)。

Lewicki 和 Bunker(1994)信任发展研究的后两个阶段,为基于了解的信任和基于认同的信任。对于这两阶段的信任,笔者通过实地访谈发现,现在企业间很难建立基于认同的信任,就算是有也是非常之少。而企业间更深层次的信任更像是 McAllister(1995)提到的认知型信任和情感型信任,只是企业对这两种信任的区分并不明显。社会整体信任度偏低的现状,使得情感型信任多,出于了解或双方存在的既有关系,而以认同为基础的情感型信任却较少,所以在认知型信任与情感型信任之间并未出现明显区分。基于以上的分析,在本研究中将认知与情感作为同一维度来衡量。

Koehn(1997)指出,基于了解的信任更像是一种友谊关系,是人际关系的一种体现。针对本书对企业间信任的研究,企业间及企业人员间的既有关系也会带来了解及认知信任,也会产生企业间的友谊关系。考虑到中国是一个"人情"社会,企业中"人情、关系"在企业间的联系与合作中起了很重要的作用。因此,家庭亲情和地域亲情为特征的人文关系特点,使基于感性信任的作用得到充分重视(张延锋,2003)。

企业间的"关系"来自两个方面:一方面是企业之间已存在的既有关系,例如:亲缘、地缘、血缘等。温州的服装、乐清的电器、义乌的小商品等产业集群的企业就存在地缘关系,因此在选择合作伙伴时也会首选集群内部的企业,这种既有关系的存在,会使企业间产生一定程度的情感信任。另一方面,企业也可以通过长期交往建立起一种稳固的关系,这种关系的建立来源于以往成功的合作经验。彭泗清(1999)对信任建立过程中的关系运作进行了问卷调查,调查结果表明,不同的关系运作方法有不同的使用范围,在长期合作关系中加深双方感情的关系运作较受重视,而在一次性交往中,利用关系网和利益给予的关系运作较受重视。由此,笔者将基于了解的信任和认知信任在中国实际情况的前提下进行修改,改变为信任的第二层次——关系型信任。

通过以上分析,基于中国企业的实际情况,在本书中将信任分为两个维度:计算型信任和关系型信任。计算型信任是基于功利关系的,来自契约的限制或利益的计算,产生的条件是,信任行为的可能获利要大于可能损失。关系型信任是基于了解的,是由双方行为的可预测性而产生的,同时包括由于既有关系的存在而带来的基于情感的信任。在接下来对企业的调查中,将对这一维度划分方式进行验证,以求能探索出适合中国企业的信任维度划分方式。

3.2.3 企业间信任的产生机制

对于组织间或个人间信任建立的研究,主要包括"前因性"研究和"机制性"研究两种方法(Ali & Birley,1998;金玉芳、董大海,2004)。前因性研究主要是在不同的背景下,探察并实证影响信任的具体因素(金玉芳、董大海,2004)。例如:McKnight,Cummings 和 Chervany(1998)研究了两个从未交往过的个人或者组织,是如何建立信任的;Whitener,Brodt 和 Korsgaard(1998)研究了在已经有联系的个人之间如何建立信任。

对于信任产生的前因,由最初 Strickland(1958)定义的"宽容",到 Lieben-nan(1981)提出的"能力、诚实",之后 Butler(1991)提出了 11 个影响信任产生的因素,包括"有效性、能力、一致性、谨慎、公平、诚实、忠诚、开放、全面信任、履行承诺、包容"。信任产生的前因性研究逐渐被细化和多样化,Mayer,Davis 和 Schoorman(1995)对信任前因研究的文献进行总结,如表 3-1 所示。

表 3-1　影响信任产生的前因

作者	自变量
Boyle & Bonacich(1970)	过去交往经验,"囚徒困境"的警惕
Butler(1991)	有效性、能力、一致性、谨慎、公平、诚实、忠诚、开放、全面信任、履行承诺、包容
Booth(1998)	诚实、可靠、能力、名誉
Cook & Wall(1980)	行为可信赖性、能力
Dasgupta(1988)	面对惩罚的可信赖性、遵守承诺
Deutsch(1960)	能力、生产意图
Dyer & Chu(2003)	可靠、公正、善意
Farris,Senner,& Butterfield(1973)	开放、情绪、新行为组织规范的实验
Frost,Stimpson,& Maughan(1978)	对供方的信赖性、利他主义
Gabarro(1978)	开放、先前成果
Giffin(1967)	专家、信息来源可靠性、意图、动力、个人吸引力、名誉
Good(1988)	能力、意图、供方行为说明
Hart,Capps,& Cangemi(1986)	开放/一致性、价值共享、独立/反馈
Hovland,Janis,& Kelley(1953)	专门技术、欺骗的动机
Johnson-George,& Swap(1982)	可靠性
Jones,James,& Bruni(1975)	能力、个人期望相关的行为
Kee & Knox(1970)	能力、动机
Larzelere & Huston(1980)	善意、诚实
Lieberman(1981)	能力、诚实
Mishra(1996)	能力、开放、同情心、可靠性
Ring & VandeVen(1992)	正直、善意
Rosen & Jerdee(1977)	能力、组织目标
Sitkin & Roth(1993)	能力、共同价值观
Solomon(1960)	善意
Strickland(1958)	善意

对表 3-1 中各研究的因素进行分析发现,这些因素大致可归结为两个方面:一方面是受信方的特征,包括其能力、善意与诚实,以及具体的行为等特征(金

玉芳、董大海,2004);另一方面是双方的关系特征,包括过去的交往经验、共同的目标和价值观等特征。

3.2.3.1 信任产生的机制性研究

机制性研究主要是从理论的角度,探察建立信任的过程或基础是什么(金玉芳、董大海,2004),社会科学一般认为信任是从各种各样的机制中诞生的(Creed & Miles,1995)。

Zucker(1986)将信任的产生机制分为三类:①来源于过程的信任;②来源于特征的信任;③来源于制度的信任。Creed 和 Miles(1995)按照这三种模式,对信任的产生过程进行了分析。来源于过程的信任,即信任来源于个人屡次参与交换的经历;来源于特征的信任,即信任建立在义务规范和社会相似性培植出的合作基础之上;来源于制度的信任,即信任与正式的社会结构紧密相连,与个人或公司的具体属性息息相关(Creed & Miles,1995)。Creed 和 Miles(1995)认为,来源于过程的信任和来源于特征的信任嵌入在广阔的社会关系脉络中,信任在种类数量上的变化,是特殊的相似点和正面相关经验综合影响的结果。

从表 3-2 中可以看到,施信方自身的心理过程主要包括:施信方对信任对方得失情况的计算过程;对受信方未来行为的预测过程。在这一过程中,施信方自身的特征、信任倾向也会影响信任的产生。施信方对受信方的判断过程,主要包括对受信方能力、善意和动机的判断,这一过程主要是对受信方特征的考察,信任来自受信方的特征。双方的交往过程包括交往的经历和交往过程中对另一方关系的投入,这一过程主要是对施信方与受信方之间交往关系的考察,信任来自双方的关系特征(金玉芳、董大海,2004)。

表3-2　机制性研究

机制/基础		含义	领域	作者
类别	具体			
施信方自身的心理过程	计算 预测 个体特征	施信方计算其得失 施信方对受信方未来的行为有信心施信方对未来关系的期望 信任他人的心理是在儿童时期形成的	商业关系 企业间 战略联盟 企业内部	Doney & Cannon(1997) Doney & Cannon(1997) McKnight(1998)

续表 3-2

机制/基础		含义	领域	作者
类别	具体			
施信方对受信方的判断过程	能力 善意 动机	施信方认为受信方能够实践其承诺的能力/技能/资源 施信方认为受信方具有移情心/愿意/好意 施信方对受信方的动机的判断	商业关系 战略联盟	Doney & Cannon(1997) Cullen(2000) Shapiro(1992) Doney & Cannon(1997)
双方交往过程	交往经历 关系	信任是随着双方的交往建立起来的 双方在交往过程中对关系的投入	企业间	McKnight(1998) Rousseau et al. (1998)
其他	法律制度 其他证据	法律制度 其他的安全保障	企业间 企业内部	Ali & Birley(1998) McKnight(1998)

3.2.3.2　供应链企业间信任的产生机制

在 Mayer, Davis 和 Schoorman(1995)总结的信任产生前因中,大部分是针对人际间的信任而言的,与企业间信任有许多不同之处。Zucker(1986)和金玉芳、董大海(2004)关于信任产生的机制性研究,则比较符合企业间信任的形成。

本书将信任的前因性研究与机制性研究相结合,按照特征机制对供应链企业间信任的产生进行研究。首先,对于企业与供应商的交往过程,作为双方的关系特征、交互特征的一部分,在双方交往经验的基础上,加入双方的沟通以及相互依赖性,使得对双方关系的分析更加完善。其次,对于来源于特征的信任,本书将其细分为施信方的特征和受信方的特征。对于受信方的特征,借鉴 Zucker(1986)和金玉芳、董大海(2004)的研究,考虑受信方的能力、声誉等特征;对于施信方的特征,考虑会影响施信方信任倾向的一些因素,例如施信方企业的规模、性质和所在地区等。另外,需要指出的是,本书中不考虑外界法律、制度环境对企业间信任产生的影响,由制度产生的信任不作为本研究的范畴。

针对供应链企业间的信任,本书中的特征机制主要分为三类:①供应商(受信方)特征;②企业与供应商(施信方与受信方)的关系特征;③企业自身(施信方)特征。

3.2.3.3 由供应商(受信方)的特征产生信任

受信方的特征机制,即是信任来源于受信方的能力、善意等特性。在企业间信任建立的研究中,卖方的能力、声誉是经常被提到的因素(Anderson & Weitz,1989,1992;Chu & Fang,2006;Doney & Cannon,1997;Ganesan,1994;Kwon & Suh,2004;McKnight,Cummings,& Chervany,1998;Seines,1998)。另外,卖方人员,尤其是卖方销售人员的能力也会对企业间的沟通,甚至是信任有很大影响(Doney & Cannon,1997)。拥有更高素质的卖方人员,会使买方企业产生对人员的信任,进而转化为企业间的信任(Doney & Cannon,1997;Zaheer,McEvily,& Perrone,1998)。因此,本研究也将对卖方人员的信任作为受信方特征之一。除此之外,在以往的研究中,并未见到对卖方产品的特征进行分析的,本书认为这是以往研究的一个不足之处。卖方产品对买方来说,如果重要性不同,则买方的态度、投资以及所需要的信任也会不同。尤其是在制造业企业,产品的差异性更大,不可替代的与通用的卖方产品,将会显著不同地影响卖方企业在交易中的地位。

综上分析,针对本书对于供应链内企业间关系的研究,则受信方的特征为供应商的能力、声誉、产品重要性以及对供应商人员的信任,以下将逐一进行详细阐述。

(1) 供应商的能力

能力是指受信方在特定领域的技能或影响力,可能受信方在某一技术领域有很强的竞争力,而在其他领域碌碌无为(Mayer,Davis,& Schoorman,1995)。无论是人际间信任还是组织间信任,能力都是一个经常被提及的因素。对以往影响信任产生的因素进行总结并发现,能力是出现频率最高的因素之一。

信任对方首先是信任对方的动机,其次是信任对方完成合作目标的能力,而在实践中往往是先考察对方的能力,然后才考察其动机(张延锋,2003)。因此买方企业在选择供应商时,会首先考虑其能力,尤其是陌生或初次交往的企业,买方企业会更加关注,供应商是否有能力履行承诺。所以说,供应商的能力会给买方企业带来信心,可以"赢得"信任,虽然 Flores 和 Solomon(1997)指出"信任是(给予的)东西"而不是"(赢得的)东西",但是只有首先拥有一定的能力,才可以让对方"给予"信任。

（2）供应商的声誉

声誉是以往交易的一种记录,信任往往与过去的行为或信任的事件有关。企业可以通过关心合作伙伴的利益,或愿意为之承担一定的损失,从而建立起良好的声誉（Anderson & Weitz,1992；Ganesan,1994）。"声誉是一笔资本财富（Capital Asset）。"（Dasgupta,1988；Sztompak,1999）"赢得声誉是一个艰苦而漫长的过程,一旦赢得,就拥有了一件过于精致的易碎日用品。"（Chong,1992；Sztompak,1999）

卖方的良好声誉会增进买方的信任是得到普遍认可的（Anderson & Weitz,1992；Chu & Fang,2006；Doney & Cannon,1997；Ganesan,1994；Kwon & Suh,2004）。由于声誉的"易碎性",企业不会为了眼前的利益去破坏已经获得的声誉。"尽管将会导致短期的花费,但通过发展和保护声誉,企业长期的利益仍将得到更好的满足。"（Chong,1992；Sztompak,1999）声誉对机会主义行为有很大的影响,拥有良好声誉的供应商有在市场上履行诚实和一致行为的动机,因为机会主义行为的潜在成本非常高（Fombrun & Shanley,1990；Houston & Johnson,2000）,投机行为会在供应商所在的社会网络中快速传播,使供应商失去很多和其他企业合作的机会（Hennart,1991；Houston & Johnson,2000）。因此可以认为,拥有良好声誉的供应商会赢得买方企业更多的信任（Anderson & Weitz,1992；Chu & Fang,2006；Doney & Cannon,1997；Ganesan,1994；Kwon & Suh,2004）。声誉是企业间建立信任的一个必要但非充分条件（Ring & Van de Ven,1992）。

同时在认同声誉会促进信任的基础上,Ganesan（1994）认为,卖方良好的声誉是建立在过去行为的可靠性和一致性基础上的,通过声誉,买方会增加对卖方行为可靠性的认可和信任,但是对于卖方的宽容,只有通过实际的交易才能感知到,并不能通过口碑来传播。因此,对于不同维度的信任,声誉对其的影响可能是各不相同的。

（3）供应商产品的重要性

在以往的研究中,对于受信方企业的特征,主要针对供应商的能力、声誉以及善意等,而对于供应商的产品却未作考虑。因此,供应商产品的重要性也就成为本研究中引入的新变量。

本研究对供应商产品重要性的分析,主要包括三个方面:一是供应商的产品在企业产品中的地位,主要衡量供应商产品的价值;二是供应商产品的可替代性,包括技术的可替代性和厂家的可替代性;三是供应商产品对提高企业产品竞争力的影响。将供应商产品的这三方面特征进行综合,即供应商产品在企业产品价值中占有的比例越大,产品越难替代,对提高企业产品竞争力越有利,则供应商的产品也就越重要。供应商产品由于对买方企业的重要性不同,则企业对该供应商的重视程度也会不同,则事前投入、事后控制均会有很大的差异。供应商的产品对买方企业是否重要,或该产品是否供应商的专用技术,等等,都会对双方间的关系有影响。例如,若供应商拥有独一无二的技术,则该供应商会变得不可替代,由于产品的依赖性,就会使企业不得不对供应商产生一种计算型信任。在供应商产品的重要性中除了技术的重要性,还包括产品的可替代性、产品价值等方面。对买方企业来说,供应商产品越重要,也就能够赢得越多信任。

(4) 对供应商人员的信任

人际间的信任有时可以被认为是正式管理机制的替代(Arino, Torre, & Ring, 2005; Barney & Hansen, 1994; Ring & Van de Ven, 1992),当人际间信任的程度很高时,对伙伴的监控行为就显得不必要了(Arino, Torre, & Ring, 2005)。

许多商业交往都是从人际间的交往开始的,企业间的信任也经常是以人际信任为开端。Zaheer, McEvily 和 Perrone(1998)认为,人际间的信任会转化到企业间的信任,如图3-7所示,即 a_1 与 b_1 的人际间信任会转化 a_1 所在企业与 b_1 所在企业间的信任。同时,Zaheer, McEvily 和 Perrone(1998)对企业与供应商之间的信任关系进行经验研究,结果表明,人际间信任与企业间信任存在显著的正相关关系($r=0.546; P<0.01$),即人际间信任会在很高的程度上转化为企业间信任。另外,笔者认为在信任的转化中,也会经历 b_1 所在企业对 a_1 的信任,即组织对人员的信任(如图3-7中虚线所示)。

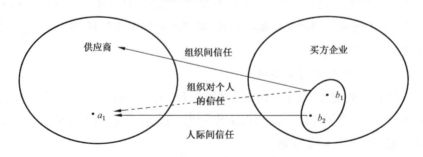

图3-7 人际间信任与组织间信任的关系

虽然人际间的信任对企业间信任有很大的促进作用(Doney & Cannon, 1997; Ring & Van de Ven, 1992; Zaheer, McEvily, & Perrone, 1998),但是在供应

链企业间信任的研究中,很少将对供应商人员的信任作为企业间信任的影响因素。在 Doney 和 Cannon(1997)针对买卖双方关系的研究中,曾将买方企业对卖方销售人员的信任放入框架,并在经验研究中发现,对卖方销售人员的信任显著影响对卖方企业的信任,且影响系数很高($r=0.77$;$P<0.01$)。在本研究中,并不仅仅针对供应商的销售人员,而是选择在供应商中最熟悉的人员进行评价,这也是考虑到中国"人情社会"的文化背景,既有关系对于人际间、企业间信任的影响很大,尤其是企业高层领导间的人情关系,对企业间信任及合作的影响更是不可忽视。

通过以上分析,将供应商的特征,即供应商的能力、声誉、产品重要性和对供应商人员信任的含义以及已有的文献研究进行总结,如表3-3所示。

表3-3　供应商的特征及含义

机制/基础		含义	领域	作者
类别	具体			
供应商的特征	能力	信任来自供应商在特定领域所拥有的技能/资源	企业间	Anderson & Weitz,1989;Ganesan, 1994;Smith & Barclay,1997; Doney & Cannon,1997;Seines, 1998;McKnight, Cummings, & Chervany,1998
	声誉	信任来自供应商关心合作伙伴利益的意愿/好意	企业间;供应链伙伴	Anderson & Weitz,1992;Ganesan, 1994;Doney & Cannon,1997; Smith & Barclay,1997;Kwon & Suh,2004;Chu & Fang,2006
	产品	信任来自供应商产品的不可替代程度		
	人员	企业间的信任经常以人际信任作为开端	企业间	Doney, & Cannon(1997);Zaheer, McEvily, & Perrone,1998

3.2.3.4　由企业与供应商(施信方与受信方)的关系特征产生信任

施信方与受信方的关系特征机制,即是信任来源于双方之间的关系,这种关系包括两个方面:一是关系来自长期的交易、合作经历,Rousseau(1998)认为信任不是静态的,信任会随着双方的交往而建立、发展甚至是瓦解,Miles

和 Creed(1995)也认同这一点。二是关系来自双方的相互依赖性,依赖性来自人力、物力等专用资产的投入,这种投入使得双方机会主义行为的成本大大增加,由于机会主义行为的成本大于收益,使得双方可以相互信任。Parkhe(1993)认为专用资产的投入会改变博弈的收益矩阵,促进双方信任和合作行为的产生。

另外,信任关系中有一个特性为"时间差"(郑也夫,2003),即双方往往是承诺在先,实施在后。这种时间差会带来风险,这也即是信任存在的前提。同时,这种时间差带来的风险,可以通过双方及时的信息与知识的沟通来减少,因为这种时间差上的风险主要来自信息的不对称,而沟通可以一定程度上弥补信息的不对称(Anderson & Narus,1990;Morgan & Hunt,1994)。另外沟通还可以减少双方不必要的冲突,进而增加双方的信任(Kwon & Suh,2005;Moorman,Zaltman,& Deshpande,1992;Morgan & Hunt,1994)。

综上分析,本书对于供应链内企业间关系的研究,对施信方与受信方的关系特征,即为企业与供应商的交往经验、相互依赖性以及沟通三个方面,以下将逐一进行阐述。

(1) 与供应商的交往经验

商业往来中,信任很少是自然产生的,往往是双方长期交往中积累起来的(Anderson & Weitz,1989;Batt,2003;Dwyer,Schurr,& Oh,1987;Lane & Bachmann,1998)。随着交往时间的增加,对于交易双方的了解会不断增加(Batt,2003)。当外界环境的不确定性因素很多时,企业为了降低风险,会将订单同时分给几个供应商,或是选择曾经交往过的且合作满意的供应商(Cunningham & White,1973;Batt,2003)。

在不断的交往中,双方的关系投资会不断增加,进而会增加关系中止的转换成本(Anderson & Weitz,1992;Batt,2003;Heide & John,1990)。因此,企业会给予供应商更多的信任,因为转换成本的提高会降低机会主义行为,同时也降低了交易的风险(Anderson & Narus,1990;Batt,2003;Dwyer,Schurr,& Oh,1987)。

另一方面,交往经验并非仅仅指的是交往的时间,还包括交往中企业对供应商目标、价值观等的认同度。通过不断的交易,企业就会对供应商的动机更加了解(Batt,2003),行为方式一致、目标相同、价值观相近的企业间会更加容易产生信任(Anderson & Weitz,1989;Anderson & Narus,1990;Batt,2003;Dwyer,Schurr,& Oh,1987),同时双方的合作会更成功,并从中获得更多的收益(Batt,

2003；McQuiston，2001；Morgan & Hunt，1994）。

（2）与供应商的相互依赖性

相互依赖性可以通过两方面来体现：一方面，交易双方由于大量的特定资产投入而产生的对另一方的依赖（Anderson & Weitz，1992；Batt，2003；Ganesan，1994；Heide & John，1988；Kwon & Suh，2004）。特定资产是指针对某一交易或关系而进行的投资，这一投资转换成本很高，转为其他用途的价值很低，甚至为零（Batt，2003）。由于特定资产的高转换成本，资产投入方进行机会主义行为的可能性大大减少，同时也会更想维持双方的关系（Anderson & Weitz，1992；Batt，2003；Williamson，1985）。特定资产投入相当于一方的事前承诺，会使另一方对关系的维持产生更多的信心，也会使双方更容易建立起信任（Anderson & Weitz，1992；Batt，2003；Ganesan，1994）。

另一方面，由于在市场上没有其他更好的或者是相当的选择，交易对方的不可替代性就产生了依赖（Emerson，1962；Gao，Sirgy，& Bird，2005；Heide & John，1988）。如果企业是供应商非常重要的客户，则供应商会尽量满足企业的产品需求，许多工作也会围绕企业进行，则企业对这家供应商的信任也会随之增加（Gao，Sirgy，& Bird，2005）。

如果交易双方的依赖性很低的话，双方都不会花更多的时间和精力增进关系（Anderson & Weitz，1992；Gao，Sirgy，& Bird，2005），同时也就会阻碍相互信任的建立（Gao，Sirgy，& Bird，2005）；相反，在高度的相互依赖关系中，双方的往来、信息交换以及资源整合等都会增多，也会增加信任的建立及发展的可能性（Gao，Sirgy，& Bird，2005）。

另外，在相互依赖性中，也要考虑依赖性的对称问题。如果这种依赖性是单方面的，或者是相当不对称的，则会减少企业间的信任。因为，依赖性高的一方在交易中则会处于劣势的地位，并会因为另一方的机会主义行为而产生巨大损失（Anderson & Weitz，1989；Gao，Sirgy，& Bird，2005）。因此，在依赖不对称、能力不对称的企业间更容易产生冲突，很难建立合作（Anderson & Weitz，1989；Dwyer，Schurr，& Oh，1987）。

综上所述，企业的依赖性和供应商的依赖性虽然都会对信任产生影响，但是影响的方式会明显不同。当供应商的依赖程度很高时，由于关系中止会给供应商带来更大的损失，因此会增进企业对供应商的信任。但是如果企业对供应商的依赖更高时，企业对供应商的警惕会变强，反而会阻碍信任的建立。

（3）与供应商的沟通

沟通是企业间有效、及时信息的正式或非正式的共享（Anderson & Narus，1990；Morgan & Hunt，1994）。对于沟通与信任之间的相关性是被普遍认可的，但是对于两者之关系的方向性，学者各有不同的意见。

Dwyer，Schurr 和 Oh（1987）认为信任会促进沟通，而更多的学者则认为是沟通促进了信任的产生（Anderson & Weitz，1989；Kwon & Suh，2004，2005）。Anderson 和 Narus（1990）认为企业间有效的沟通是信任建立的必要条件，而在接下来的阶段中，这种信任的积累反过来又会促进更加有效和及时的沟通。若是在一个时间点上，则过去的有效沟通会促进现在的信任（Anderson & Narus，1990）。本书认同 Anderson 和 Narus（1990）的观点，研究中的模型也是指某一时间点的静态模型，并非研究在某一时间段的动态变化过程，因此模型分析中，主要针对过去与供应商的沟通对现在信任的促进作用。

信息共享是供应链伙伴关系成功建立与发展的最重要因素之一（Handfield & Bechtel，2002；Kwon & Suh，2005）。供应链企业间的信息共享，不仅是指简单的产品成本、生产工艺这些信息，还应包括企业战略、市场预测、产品设计以及企业目标等一些关键信息的交流与分享（Henderson，2002；Kwon & Suh，2005）。由于沟通不及时以及信息不对称，经常出现供应链企业间供需要求出现问题，影响供应链的效率（Kwon & Suh，2005；Lee，Padmanabhan，& Whang，1997）。

及时的、有效的、可靠的沟通可以减少企业间的冲突，降低企业行为的不确定性，同时有利于培养企业间的信任（Kwon & Suh，2005；Moorman，Zaltman，& Deshpande，1992；Morgan & Hunt，1994）。针对以上分析，将企业与供应商之间关系特征，即交往经验、相互依赖性、相互沟通的含义以及已有的文献研究进行总结，如表 3-4 所示。

3.2.3.5 由企业自身（施信方）的特征产生信任

施信方的特征机制，即是信任来源于施信方的性格特质和信任倾向。尤其在与陌生人接触时信任的产生与施信方的信任倾向有很大关系，McKnight，Cummings 和 Chervany（1998）对陌生人信任的建立进行了详细研究。施信方的信任倾向往往来源于施信方的生长背景、社会地位、经济地位等。另外，双方性格特质的相似性也会促进信任的产生（Good，1988）。

在人际间信任的研究中对施信方特征的考虑较多，而在企业间信任的研究中，将施信方自身的特征作为影响因素的还未见到。笔者在本书中将对施信方企业对于企业间信任的影响进行分析,试图能有新的发现,同时也使企业间信任的产生机制研究更加完善。

在企业间的信任中施信方是一个企业,这时要考虑的是整个企业的特性,例如企业的性质、规模以及行业背景等。笔者认为,在对企业间信任的研究中将施信方企业的特征作为控制变量更适合信任的研究,Mayer,Davis 和 Schoorman(1995)在分析人际间信任时也将施信方的信任倾向作为影响信任产生的调节变量,而不是自变量。

针对本书施信方的特征即是企业自身的特征,笔者认为企业的规模、性质、所属行业以及所在地区,均会对信任的产生有不同的影响。例如,在不同的地区,社会的整体信任度有所不同(中国企业家调查系统,2002),则企业所在地区对企业间信任的建立就会有不同的影响;对于企业的性质也是同样的,在国有企业、民营企业以及中外合资企业之间存在明显的文化差异,这些不同的企业文化氛围,对于信任产生的影响就会各不相同。对于企业所属行业,在调研中已经将样本限制在制造业行业,因此不再将企业所属行业作为变量;另一方面转型期股份制改造会对企业的观念有一定影响,因此将企业的股份制改造情况作为变量之一。笔者认为这些因素会对企业间的信任产生影响,但仅可以作为影响因素,而不是导致信任产生的直接因素,因此在模型中将其作为控制变量,以便更好地分析信任的产生机制,详细分析见表 3-4。

表 3-4　企业自身的特征及含义

机制/基础		含义
类别	具体	
企业自身特征	规模	规模会改变企业承受风险的能力
	性质	不同的企业文化孕育不同的信任
	股份制改造	通过股份制改造会对企业的观念、文化产生影响
	所在地区	地区的整体信任度会影响对企业的信任

3.2.3.6　小结

本书将受信方(供应商)特征,以及施信方与受信方(企业与供应商)的关系特征作为信任产生的原因和来源,即作为自变量进行研究,同时认为施信方(企业自身)特征会影响信任的产生,但它不是信任产生的直接因素,只作为控制变量进行研究,由此根据这一信任产生的机制,简化为如下函数:

信任 $=f\{$供应商的特征,企业与供应商的关系特征,企业自身特征$\}$

这个函数显示如果供应商(受信方)的特征越让施信方满意,就越可以促进双方信任的建立。例如,供应商的能力强、声誉好、产品好或者人员是值得信任的,这些都会促进信任的产生。另一方面交易双方的关系越密切,则双方的信任度也会越高,例如:双方对合作历史的满意度高、相互依赖性强或沟通及时,等等。同时,企业间信任的建立又会受到企业自身(施信方)一些特征的影响,例如,不同规模、不同行业、不同地区以及不同的股份制改造情况的企业,信任的建立过程会有不同,对供应商的要求及对双方关系的要求也会有所不同。

通过以上的分析,按照特征机制,将供应链企业间信任的产生机制进行总结,归纳如表3-5所示。

表3-5　信任的产生机制

变量类型	机制/基础		含义
	类别	具体	
自变量	供应商的特征	能力	信任来自供应商在特定领域所拥有的技能/资源
		声誉	信任来自供应商关心合作伙伴利益的意愿/好意
		产品	信任来自供应商产品的不可替代程度
		人员	企业间的信任经常以人际信任作为开端
自变量	企业与供应商的关系特征	交往经验	信任是随着长期的交往建立起来的
		相互依赖性	信任来自双方对关系的投入
		相互沟通	信任来自比较完全与对称的信息
控制变量	企业自身特征	规模	规模会改变企业承受风险的能力
		性质	不同的企业文化孕育不同的信任
		股份制改造	通过股份制改造会对企业的观念、文化产生影响
		所在地区	地区的整体信任度会影响企业的信任

通过文献的总结,以及本书对已有理论的进一步拓展,使得研究思路更加清晰,并得到进一步的深入,将上一章的研究思路,根据本章中理论分析的结果进行细化,得到研究模型的雏形,如图3-8所示。

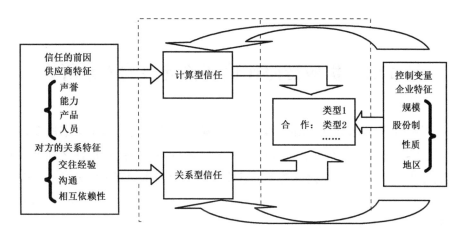

图 3-8　研究模型雏形

第4章　供应链协作信任关键影响因素研究

了解阶段、发展阶段、认同阶段的理论模型虽然分别指出了本书所要研究的供应链协作关系动态发展过程中的四个因素与供应链协作信任之间的关系及其变化，但是这些因素之间关系的具体作用方向和作用程度的差异性如何变化，还需要通过本章所建立的研究假设来落实到具体的可操作层次，具体分析了各阶段因素关系的研究假设。

4.1　基本假设

4.1.1　了解阶段制度信任与供应链协作信任

在供应链协作关系发展的最初阶段，即了解阶段，由于关系发展的不确定性，成员企业为了防止其合作企业的投机行为，往往采取非常严格的监控措施，相应地，合作企业也应该认识到了严格的监控机制的有效性。当监控机制的惩罚大于投机行为带来的收益时，监控的有效性认知就会对供应链的协作信任有正向的影响，可以预期，监控的有效性认知对可信性有着正向的影响，因为监控的有效性认知是建立在经济计算的基础上的，因此，它与善意维度的供应链协作信任没有关系。反馈的有效性认知也可看作用来减少投机行为、建立信任的结构保证（Baand & Pavlou, 2002）。由于在了解阶段，成员企业关注的是成本/收益分析，反馈机制无法反映合作企业的价值、意图等信息，因此，可以预期，了解阶段反馈的有效性认知只与供应链协作信任的可信性维度有关。认证的有效性认知从第三方的视角反映成员企业的可靠性信息，Heide 和 John（1990）指出了认证核实组织是否按照约定履行义务的努力的范围。与此同时，现实的管理实践表明，在关系脆弱的阶段，企业愿意通过第三方核实合作企业的信息，因此，可以预期，成员企业对其所接收到的认证信息的有效性认知对于可信性有着正向的影响。与此同时，由于该阶段成员企业关注契约的实施，契约的成功实施是本阶段最重要的合作态度，通过理性地计算出违约成本大于预期的合法收益，契约的有效性认知就能够帮助建立供应链伙伴间的信任关系，因此契约的有效性认知对于可信性也有着正向的影响。

另外,合作规范的有效性认知衡量了供应链成员企业认识到合作规范能够保证交易按照规定执行的程度,它能够减少投机行为,加强合作,同时可以促进问题的协调解决,可以预期了解阶段合作规范的有效性认知对于可信性有着正向的影响。因此:

假设 H1a:在供应链协作关系发展的最初阶段(即了解阶段),监控的有效性认知与可信性正相关。

假设 H1b:在供应链协作关系发展的最初阶段(即了解阶段),反馈的有效性认知与可信性正相关。

假设 H1c:在供应链协作关系发展的最初阶段(即了解阶段),认证的有效性认知与可信性正相关。

假设 H1d:在供应链协作关系发展的最初阶段(即了解阶段),契约的有效性认知与可信性正相关。

假设 H1e:在供应链协作关系发展的最初阶段(即了解阶段),合作规范的有效性认知与可信性正相关。

4.1.2　了解阶段信息共享与供应链协作信任、再次合作意愿

前面分析过,对于信息共享与供应链协作信任关系的研究,主要从信息共享的程度认知和信息共享的质量认知两个方面进行,我们将分别研究它们对供应链协作信任的可信性和善意维度的影响。在了解阶段,成员企业之间的交互与沟通非常谨慎,他们之间可共享的信息范围很小,只是一些必要的事务信息,同时在该阶段扩大可共享信息的程度这一行为会被认为是一方对另一方的信任态度,根据信任的传染性特征,另一方也会对他产生信任。可以预期,在该阶段信息共享的程度认知与可信性正相关。另一方面,成员企业认识到了解阶段的潜在风险,他们可能会故意对竞争对手扭曲相关的信息,同时在该阶段提高可共享信息的质量这一行为会被认为是一方对另一方的信任态度,根据信任的传染性特征,另一方也会对他产生信任。可以预期该阶段信息共享的质量对可信性有着正向的影响。因此:

假设 H1f:在供应链协作关系发展的最初阶段(即了解阶段),信息共享的程度认知与可信性正相关。

假设 H1g:在供应链协作关系发展的最初阶段(即了解阶段),信息共享的质量认知与可信性正相关。

信息共享对于供应链成员企业之间已有交易结束后的再次合作意愿同样具有影响作用。推理行为理论(Ajzenand & Fishbein,1980)研究指出:显著的信

心(即对某一行为可能后果的期望)对承担行为的意图具有影响作用。因此,信息共享的程度认知和信息共享的质量认知在供应链成员企业中可以作为引导行为意图的信心。因此,可以预期信息共享的程度认知和信息共享的质量认知对再次合作意愿有着正向的影响。因此:

假设 H1h:在供应链协作关系发展的最初阶段(即了解阶段),信息共享的程度认知与再次合作意愿正相关。

假设 H1i:在供应链协作关系发展的最初阶段(即了解阶段),信息共享的质量认知与再次合作意愿正相关。

4.1.3 了解阶段专用资产投资与供应链协作信任、再次合作意愿

前面对专用资产投资与供应链协作信任关系的研究指出了主要从供应链合作企业和响应合作企业的专用资产投资两个方面来研究对供应链协作信任的影响。由于合作企业和响应合作企业的专用资产投资在任何情况下都是建立在经济计算的基础上的,因此,专用资产投资只与可信性存在关系。在了解阶段,成员企业之间的关系很不稳定,因此合作企业进行专用资产投资的行为代表了其积极的合作态度,对合作企业的少部分的专用资产投资认知可以极大地促进供应链中信任的发展。同时,由于合作企业的专用资产投资只与企业的能力、可靠性有关,因此它只与可信性有关。对于响应合作企业来说,"套住"效应使得企业必须为维护专用资产增加潜在的成本,而企业往往是厌恶成本的,因此,响应合作企业进行专用资产投资代表了其对合作企业的怀疑态度,对响应合作企业的少部分的专用资产投资认知可以极大地阻碍供应链信任关系的发展。响应合作企业的专用资产投资也与能力、可靠性有关,可以预期其对可信性有着负向的影响。因此:

假设 H1j:在供应链协作关系发展的最初阶段(即了解阶段),合作企业的专用资产投资认知与可信性正相关。

假设 H1k:在供应链协作关系发展的最初阶段(即了解阶段),响应合作企业的专用资产投资认知与可信性负相关。

专用资产投资对于供应链成员企业之间已有交易结束后的再次合作意愿同样具有影响作用。根据推理行为理论(Ajzen & Fishbein,1980)的研究,认为显著的信心(即对某一行为可能后果的期望)对承担行为的意图具有影响作用。因此,合作企业和响应合作企业的专用资产投资认知在供应链成员企业中可以作为引导行为意图的信心。可以预期,在供应链协作关系的了解阶段,合作企业的专用资产认知对再次合作意愿有着正向的影响,而响应合作企业的专用资

产认知对再次合作意愿有着负向的影响。因此：

假设 H1l：在供应链协作关系发展的最初阶段（即了解阶段），合作企业的专用资产投资认知与再次合作意愿正相关。

假设 H1m：在供应链协作关系发展的最初阶段（即了解阶段），响应合作企业的专用资产投资认知与再次合作意愿负相关。

4.1.4　了解阶段供应链协作信任与再次合作意愿

同样，面对供应链协作关系的变化，供应链协作信任与再次合作意愿之间的关系也将表现出不同的效果。Ajzen 和 Fishbein（1980）已经运用推理行为理论（Theory of Reasoned Action）证实了信任对再次合作的影响作用，指出了显著的信心（即对某一行为可能后果的期望）对承担行为的意图具有影响作用，供应链协作信任可以作为引导行为意图的信心。在了解阶段，供应链合作关系存在着很大的风险，基于计算的信任在该阶段占据了主导作用，可以预期，该阶段可信性对再次合作意愿有着正向的影响。因此：

假设 H1n：在供应链协作关系发展的最初阶段（即了解阶段），可信性与再次合作意愿正相关。

4.1.5　发展阶段制度信任与供应链协作信任

在供应链协作关系的最初阶段，成员企业需要承担很多风险，在发展阶段，风险降低了，成员企业间的相互依赖性也有了一定程度的提高，成员企业在关注契约的同时开始关注合作企业，不断发展对合作企业的肯定或否定的知识，获取与合作企业成功交易的积极经验以及协作问题处理的态度。因此：

假设 H2a：在供应链协作关系的中间阶段（即发展阶段），监控的有效性认知与可信性正相关。

假设 H2b：相对于了解阶段，发展阶段中监控的有效性认知对可信性的影响作用较小。

发展阶段的反馈机制在一定程度上反映了合作方的价值、原则及善意意图，因此，反馈的有效性认知对可信性和善意都存在着影响作用，其中，对可信性的影响作用实质上反映了契约、规则、保证等结构性担保层面的反馈，而对善意的影响作用实质上反映了供应链成员企业间的标准、关系价值及行为和目标的共同信念等推动条件的反馈。根据 Pavlou 等（2003）的研究，结构性担保的有效作用会随着企业关系的发展而削弱，而推动条件的有效作用会随着企业关系的发展而增强，可以预期，相对于了解阶段，发展阶段反馈的有效性认知对可信性的影响作用较小。因此：

假设 H2c：在供应链协作关系的中间阶段（即发展阶段），反馈的有效性认知与可信性正相关。

假设 H2d：在供应链协作关系的中间阶段（即发展阶段），反馈的有效性认知与善意正相关。

假设 H2e：相对于了解阶段，发展阶段中反馈的有效性认知对可信性的影响作用较小。

认证的有效性认知是建立在经济计算的基础上的，认证可以被认为是由授权认证机构所提供的声誉代理，它是一种有效地评估企业竞争力的方式，因此，认证的有效性认知对可信性有着正向影响，认证的有效性认知反映了结构性担保的实现。根据 Pavlou 等（2003）提出的"结构性担保的有效作用会随着企业关系的发展而削弱"的观点，可以预期，相对于了解阶段，发展阶段认证的有效性认知对可信性的影响作用较小。因此：

假设 H2f：在供应链协作关系的中间阶段（即发展阶段），认证的有效性认知与可信性正相关。

假设 H2g：相对于了解阶段，发展阶段中认证的有效性认知对可信性的影响作用较小。

契约从法律效力上保证交易的成功实施，其有效性认知是建立在经济计算基础上的，当法律成本大于潜在投机收益时，契约将促使企业尽可能避免投机行为，因此，契约的有效性认知对可信性有着正向影响。另外，契约是结构性担保的一种形式，借鉴 Pavlou 等（2003）的研究，可以预期，相对于了解阶段，该阶段契约的有效性认知对可信性的影响较小。因此：

假设 H2h：在供应链协作关系的中间阶段（即发展阶段），契约的有效性认知与可信性正相关。

假设 H2i：相对于了解阶段，发展阶段中契约的有效性认知对可信性的影响作用较小。

发展阶段的合作规范在一定程度上进一步反映了与其企业相关的价值、标准、规则。Axelrod（1984）指出了价值和规则能够减少投机行为，加强合作，促进问题的协调解决。因此，合作规范的有效性认知对于可信性和善意都存在着影响作用，其中，对于可信性的影响作用实质上反映了规则、保证等结构性担保层面的合作规范，对于善意的影响作用实质上反映了企业价值等推动条件的合作规范。根据 Pavlou 等（2003）所提出的"结构性担保的有效作用会随着企业关系的发展而削弱，推动条件的有效作用会随着企业关系的发展而增强"的观点，

可以预期,相对于了解阶段,发展阶段合作规范的有效性认知对可信性的影响作用较小。因此:

假设 H2j:在供应链协作关系的中间阶段(即发展阶段),合作规范的有效性认知与可信性正相关。

假设 H2k:在供应链协作关系的中间阶段(即发展阶段),合作规范的有效性认知与善意正相关。

假设 H2l:相对于了解阶段,发展阶段中合作规范的有效性认知对可信性的影响作用较小。

4.1.6　发展阶段信息共享与供应链协作信任、再次合作意愿

在供应链协作关系的发展阶段,成员企业之间可共享信息的范围有了扩大,不仅包括了必要的事务水平信息,也包括了选择性的运作水平信息,与此同时,与了解阶段相比,该阶段扩大可共享信息的程度对于可信性的影响较小。另一方面,发展阶段的成员企业更愿意提高交易的效果和效率,这个需求在很大程度上依赖于信息共享,因此与上一阶段相比,供应链成员企业愿意提高信息共享的质量。然而由于该阶段对合作企业的肯定的知识被发展,因此,可以预期,发展阶段成员企业对提高可共享信息的质量这一行为的认知对可信性的影响作用没有了解阶段大。因此:

假设 H2m:在供应链协作关系发展的中间阶段(即发展阶段),信息共享的程度认知与可信性正相关。

假设 H2n:相对于了解阶段,发展阶段中信息共享的程度认知对可信性的影响作用较小。

假设 H2o:在供应链协作关系发展的中间阶段(即发展阶段),信息共享的质量认知与可信性正相关。

假设 H2p:相对于了解阶段,发展阶段中信息共享的质量认知对可信性的影响作用较小。

发展阶段的成员企业之间的相互依赖性提高,信息共享的程度认知和质量认知对于再次合作意愿同样具有影响作用,只是这种影响作用的程度发生了变化,因为成员企业对其合作企业肯定的认知逐渐积累,因此可共享信息程度和质量的变化只能在一定程度上影响行为意图。可以预期,该阶段信息共享的程度认知和质量认知对于再次合作意愿的影响作用减小。因此:

假设 H2q:在供应链协作关系发展的中间阶段(即发展阶段),信息共享的程度认知与再次合作意愿正相关。

假设 H2r:相对于了解阶段,发展阶段中信息共享的程度认知对再次合作意愿的影响作用较小。

假设 H2s:在供应链协作关系发展的中间阶段(即发展阶段),信息共享的质量认知与再次合作意愿正相关。

假设 H2t:相对于了解阶段,发展阶段中信息共享的质量认知对再次合作意愿的影响作用较小。

4.1.7 发展阶段专用资产投资与供应链协作信任、再次合作意愿

在供应链协作关系的发展阶段,成员间的关系较上阶段有了提高,对合作企业进行少部分的专用资产投资的认知,同样可促进供应链协作信任的发展,但在程度上与上阶段相比要轻,由于专用资产投资是建立在经济计算基础上的,因此本阶段合作企业的专用资产投资对可信性有正向影响。另一方面,"套住"效应会使得响应合作企业的专用资产投资需要潜在成本的维护,因此响应合作企业的专用资产投资同样会阻碍供应链协作信任的发展,只是相对于上一阶段,其阻碍的程度低,可以预期,该阶段响应合作企业的专用资产投资与可信性负相关,并且比上一阶段,对可信性的影响较少。因此:

假设 H2u:在供应链协作关系发展的中间阶段(即发展阶段),合作企业的专用资产投资认知与可信性正相关。

假设 H2v:相对于了解阶段,发展阶段中合作企业的专用资产投资认知对可信性的影响作用较小。

假设 H2w:在供应链协作关系发展的中间阶段(即发展阶段),响应合作企业的专用资产投资认知与可信性负相关。

假设 H2x:相对于了解阶段,发展阶段中响应合作企业的专用资产投资认知对可信性的影响作用较小。

在该阶段,合作企业和响应合作企业的专用资产投资认知对再次合作意愿同样具有影响作用,只是这种影响作用的程度发生了变化。供应链成员企业之间关系的稳定使得合作企业、响应合作企业的专用资产投资无法对行为意图起决定作用,只能在一定程度上影响再次合作意愿。可以预期,该阶段合作企业的专用资产投资与再次合作意愿正相关,响应合作企业的专用资产投资与再次合作意愿负相关,并且相对于上一阶段,该阶段合作企业、响应合作企业的专用资产投资认知对于再次合作意愿的影响作用减小。因此:

假设 H2y:在供应链协作关系发展的中间阶段(即发展阶段),合作企业的专用资产投资认知与再次合作意愿正相关。

假设 H2z：相对于了解阶段，发展阶段中合作企业的专用资产投资认知对再次合作意愿的影响作用较小。

假设 H2A：在供应链协作关系发展的中间阶段（即发展阶段），响应合作企业的专用资产投资认知与再次合作意愿负相关。

假设 H2B：相对于了解阶段，发展阶段中响应合作企业的专用资产投资认知对再次合作意愿的影响作用较小。

4.1.8　发展阶段供应链协作信任与再次合作意愿

根据 Ajzen 和 Fishbein（1980）的研究，可以认为供应链协作信任对于再次合作意愿有着影响作用，只是这种影响作用发生了差异性的变化。在发展阶段，成员企业之间的多次合作和满意使得企业中间互相依赖，企业关注契约实施的同时开始关注合作企业，基于知识的信任和基于计算的信任占据了主导作用，可以预期，该阶段可信性和善意对再次合作意愿均存在着正向影响，相对于上一阶段，可信性对再次合作意愿的影响较小。因此：

假设 H2C：在供应链协作关系发展的中间阶段（即发展阶段），可信性与再次合作意愿正相关。

假设 H2D：相对于了解阶段，发展阶段中可信性对再次合作意愿的影响作用较小。

假设 H2E：在供应链协作关系发展的中间阶段（即发展阶段），善意与再次合作意愿正相关。

4.1.9　认同阶段制度信任与供应链协作信任

供应链成员企业之间经过不断的合作与满意，随着对合作企业肯定知识的积累，企业之间的关系发展趋向于相互认同，这种认同包括了需要、偏好、想法及行为方式等方面。供应链成员企业投入了较少的精力来计算契约成功的可能，更加关注其合作企业，企业之间具有类似的价值观，并且具有强烈的认同感。在供应链协作关系发展的认同阶段，监控的有效性认知同样反映了契约、规则、保证等结构性担保的实现，认同阶段监控的有效性认知对可信性有着正向的影响作用，与此同时，相对于发展阶段，认同阶段监控的有效性认知对可信性的影响作用较小。因此：

假设 H3a：在供应链协作关系的最后阶段（即认同阶段），监控的有效性认知与可信性正相关。

假设 H3b：相对于发展阶段，认同阶段中监控的有效性认知对可信性的影响作用较小。

认同阶段的反馈机制进一步反映了合作方的价值、原则及善意意图,与发展阶段相似,反馈的有效性认知对可信性和善意都存在着影响作用,只是这种影响作用的大小发生了变化。同样,对可信性的影响作用反映了契约、规则、保证等结构性担保层面的反馈,对善意的影响作用进一步反映了企业间的标准、关系价值及行为和目标的共同信念等推动条件的反馈。可以预期,相对于发展阶段,认同阶段反馈的有效性认知对可信性的影响作用较小,而反馈的有效性认知对善意的影响作用较大。因此:

假设 H3c:在供应链协作关系的最后阶段(即认同阶段),反馈的有效性认知与可信性正相关。

假设 H3d:在供应链协作关系的最后阶段(即认同阶段),反馈的有效性认知与善意正相关。

假设 H3e:相对于发展阶段,认同阶段中反馈的有效性认知对可信性的影响作用较小。

假设 H3f:相对于发展阶段,认同阶段中反馈的有效性认知对善意的影响作用较大。

认证的有效性认知始终是建立在经济计算的基础上的,在认同阶段也是如此,认证的有效性认知对可信性有着正向影响,该阶段认证的有效性认知同样反映了结构性担保的实现,可以预期,相对于发展阶段,认同阶段认证的有效性认知对可信性的影响作用较小。因此:

假设 H3g:在供应链协作关系的最后阶段(即认同阶段),认证的有效性认知与可信性正相关。

假设 H3h:相对于发展阶段,认同阶段中认证的有效性认知对可信性的影响作用较小。

契约能减少投机行为,在认同阶段,它仍然可以从法律效力上保证交易的成功实施,契约的有效性认知在该阶段仍然对可信性有着正向影响,由于契约是结构性担保形式的一种,因此可以预期,相对于发展阶段,认同阶段契约的有效性认知对可信性的影响作用较小。因此:

假设 H3i:在供应链协作关系的最后阶段(即认同阶段),契约的有效性认知与可信性正相关。

假设 H3j:相对于发展阶段,认同阶段中契约的有效性认知对可信性的影响作用较小。

认同阶段中供应链成员企业关注其合作企业,因此,他们之间的合作规范也进一步反映了与其企业相关的价值、标准、规则等。与上一阶段相似,合作规范的有效性认知同样对于可信性和善意都存在着影响作用,只是其影响作用的程度发生了差异性的变化,其中,合作规范的有效性认知对于可信性的影响作用反映了规则、保证等结构性担保层面的合作规范,而对善意的影响作用反映了行为和目标的共同信念等与推动条件相关的合作规范。可以预期,相对于了解阶段,在发展阶段合作规范的有效性认知对可信性的影响作用较小,而对善意的影响作用较大。因此:

假设 H3k:在供应链协作关系的最后阶段(即认同阶段),合作规范的有效性认知与可信性正相关。

假设 H3l:在供应链协作关系的最后阶段(即认同阶段),合作规范的有效性认知与善意正相关。

假设 H3m:相对于发展阶段,认同阶段中合作规范的有效性认知对可信性的影响作用较小。

假设 H3n:相对于发展阶段,认同阶段中合作规范的有效性认知对善意的影响作用较大。

4.1.10 认同阶段信息共享与供应链协作信任、再次合作意愿

在认同阶段,成员企业关系发展的相互认同使得可共享信息的范围进一步扩大,该阶段共享的信息不仅包括了必要的事务水平信息和选择性的运作水平信息,也包括了情感水平信息,如价值观、行为意图等。可以预期,认同阶段信息共享的程度较上一阶段有了提高,并且相对于发展阶段,信息共享的程度认知对供应链协作信任可信性维度的影响较少些,而增加了对供应链协作信任善意维度的影响。另外,高质量的信息共享被普遍认同,由于企业间的认同情感,信息质量的轻微波动对协作信任关系影响不大。可以预期,相对于发展阶段,该阶段可共享信息的质量有了提高,并且信息共享的质量认知对可信性的影响较少些,而增加了对善意的影响。因此:

假设 H3o:在供应链协作关系发展的最后阶段(即认同阶段),信息共享的程度认知与可信性正相关。

假设 H3p:在供应链协作关系发展的最后阶段(即认同阶段),信息共享的程度认知与善意正相关。

假设 H3q:相对于发展阶段,认同阶段中信息共享的程度认知对可信性的影响作用较小。

假设 H3r:在供应链协作关系发展的最后阶段(即认同阶段),信息共享的

质量认知与善意正相关。

假设 H3s：相对于发展阶段，认同阶段中信息共享的质量认知对可信性的影响作用较小。

认同阶段信息共享的程度认知和质量认知对于再次合作意愿同样具有影响作用，并且这种影响作用的程度进一步减少，因为成员企业对其合作企业趋向于认同，认同情感影响信任的发展，成为该阶段一个关键基础，因此可共享信息程度和质量的波动对行为意图的影响不大。可以预期，该阶段信息共享的程度认知和质量认知对再次合作意愿的影响减小。因此：

假设 H3t：在供应链协作关系发展的最后阶段（即认同阶段），信息共享的程度认知与再次合作意愿正相关。

假设 H3u：相对于发展阶段，认同阶段中信息共享的程度认知对再次合作意愿的影响作用较小。

假设 H3v：在供应链协作关系发展的最后阶段（即认同阶段），信息共享的质量认知与再次合作意愿正相关。

假设 H3w：相对于发展阶段，认同阶段中信息共享的质量认知对再次合作意愿的影响作用较小。

4.1.11　认同阶段专用资产投资与供应链协作信任、再次合作意愿

认同阶段中供应链合作企业和响应合作企业对专用资产的投资仍然是基于经济利益的考虑，因此他们的专用资产投资认知仍然只对可信性有影响。由于在本阶段成员企业之间已经相互认同，专用资产投资的轻微波动对供应链成员企业之间的协作信任关系影响不大，因此，相对于上一阶段，合作企业的专用资产投资对可信性的促进作用不是很大，与此同时，响应合作企业进行专用资产投资对可信性所造成的影响也较小，因此：

假设 H3x：在供应链协作关系发展的最后阶段（即认同阶段），合作企业的专用资产投资认知与可信性正相关。

假设 H3y：相对于发展阶段，认同阶段中合作企业的专用资产投资认知对可信性的影响作用较小。

假设 H3z：在供应链协作关系发展的最后阶段（即认同阶段），响应合作企业的专用资产投资认知与可信性负相关。

假设 H3A：相对于发展阶段，认同阶段中响应合作企业的专用资产投资认知对可信性的影响作用较小。

在认同阶段，合作企业和响应合作企业的专用资产投资对于再次合作意愿

同样具有影响作用,只是这种影响的程度将进一步减少,因为该阶段成员企业对其合作企业趋向于认同,认同情感成了一个关键基础,因此专用资产投资的波动对行为意图的影响不大。因此:

假设 H3B:在供应链协作关系发展的最后阶段(即认同阶段),合作企业的专用资产投资认知与再次合作意愿正相关。

假设 H3C:相对于发展阶段,认同阶段中合作企业的专用资产投资认知对再次合作意愿的影响作用较小。

假设 H3D:在供应链协作关系发展的最后阶段(即认同阶段),响应合作企业的专用资产投资认知与再次合作意愿负相关。

假设 H3E:相对于发展阶段,认同阶段中响应合作企业的专用资产投资认知对再次合作意愿的影响作用较小。

4.1.12 认同阶段供应链协作信任与再次合作意愿

在供应链协作关系发展的认同阶段,供应链协作信任对于再次合作意愿同样有着影响作用,只是这种影响作用进一步发生了差异性的变化。在认同阶段,成员企业之间的强烈的情感认同使得企业间形成了强依赖关系,基于认同的信任、基于知识的信任和基于计算的信任都是占据了主导作用的信任类型,因此,可以预期,认同阶段中可信性和善意对再次合作意愿均存在着正向的影响作用,同时,相对于上一阶段,可信性对再次合作意愿的影响较小,而善意对再次合作意愿的影响较大。因此:

假设 H3F:在供应链协作关系发展的最后阶段(即认同阶段),可信性与再次合作意愿正相关。

假设 H3G:相对于发展阶段,认同阶段中可信性对再次合作意愿的影响作用较小。

假设 H3H:在供应链协作关系发展的最后阶段(即认同阶段),善意与再次合作意愿正相关。

假设 H3I:相对于发展阶段,认同阶段中善意对再次合作意愿的影响作用较大。

4.2 研究设计

4.2.1 变量的选择与度量

(1)制度信任

根据前面对制度信任维度的划分,制度信任包括了监控的有效性认知、反馈的有效性认知、认证的有效性认知、契约的有效性认知以及合作规范的有效性认知,这五个维度的变量分别从不同的方面刻画了制度信任的属性。表 4-1 列示了制度信任五个维度的度量项目。其中,一部分的度量项目来自研究文献,而另一部分新度量项目的设计将遵循 Bagozzi 和 Phillips(1982)所提出的标准心理测量尺度发展程序来进行:第一,要指定各相关度量项目的范围;第二,要根据变量的概念和内涵发展度量项目;第三,度量项目的设计要精确到调查问卷具体可实施的程度。

表 4-1　制度信任五个维度的具体度量项目

变量	度量项目
监控的有效性认知	第三方机构能有效地确保所有产品与其规格说明标准一致 第三方机构能有效地监控供应链中所有成员间的交易活动并帮助解决冲突 第三方机构能有效地确保供应链中的所有交易完全实施
反馈的有效性认知	供应链中有一个能让成员企业公布其与其他合作企业的交易经验的机制 供应链中有一个能将某成员企业的投机行为信息反馈给供应链其他成员的机制 供应链中有一个能够获得成员企业过去交易信息的机制
认证的有效性认知	供应链中有一个可以完全决定是否允许某企业进行合作交易的机制 供应链中有一个对新合作企业能力评估的程序 供应链中有一个对供应链成员企业进行评估的机制
契约的有效性认知	与合作企业对权利和义务有正式的书面约定与合作企业的契约可以确保获得企业期望的产品 与合作企业的契约可以保护企业免受不恰当行为的侵害
合作规范的有效性认知	供应链中有一个可以解决交易争端的合作规范 与合作企业达成共识,不会运用自己的特定优势进行投机 与合作企业达成共识,愿意为交易的最终成功而作出相应的协作调整

（2）信息共享

根据对信息共享维度的划分,信息共享在本研究中包含了两个变量:信息共享的程度认知和信息共享的质量认知。Moberg 等(2002)指出了信息共享的程度和质量是信息共享两个主要方面,分别从不同的视角表现信息共享的特征。表 4-2 列示了信息共享两个维度变量的度量项目。

表 4-2 信息共享两个维度的具体度量项目

变量	度量项目
信息共享的程度认知	在交换需求之前,合作企业与本企业预先交换信息
	合作企业与本企业共享事务水平信息
	合作企业与本企业共享选择性的运作水平信息
	合作企业与本企业共享情感水平信息
信息共享的质量认知	合作企业与本企业及时地交换信息
	合作企业与本企业准确地交换信息
	合作企业与本企业完全地交换信息

（3）专用资产投资

根据前面的研究,可将专用资产投资划分为合作企业的专用资产投资认知和响应合作企业的专用资产投资认知(Suh & Kwon,2006),这两个划分从不同的视角反映了供应链成员企业对专用资产投资的态度。当然,只有当成员企业认识到他所进行的专用资产投资能够促进交易的成功,专用资产投资才有效。表 4-3 列示了专用资产投资两个维度变量的度量项目。

表 4-3 专用资产投资两个维度的具体度量项目

变量	度量项目
合作企业的专用资产投资认知	合作企业愿意对与本企业进行专用实物资产投资
	合作企业愿意对与本企业进行专用管理资产投资
	合作企业愿意对与本企业进行专用人力资产投资
	合作企业愿意对与本企业进行专用技术资产投资
响应合作企业的专用资产投资认知	本企业愿意对合作企业进行专用实物资产投资
	本企业愿意对合作企业进行专用管理资产投资
	本企业愿意对合作企业进行专用人力资产投资
	本企业愿意对合作企业进行专用技术资产投资

（4）供应链协作信任

根据前面对供应链协作信任的界定,供应链协作信任特指供应链成员企业之间一方对另一方实现己方期望可能性的估计,是面向未来不确定性时彼此间的一种承诺和相互信赖。这个界定表明了供应链协作信任是一个抽象概念,其本身是很难直接观测和度量的。本研究关注供应链协作关系的动态过程中不同因素对供应链协作信任的差异性影响及其对再次合作意愿的影响,正如第2章对不同阶段供应链协作信任的研究,随着协作关系发展的阶段过程,供应链协作信任的对象和基础有着差异性的变化。根据前面的研究,将供应链协作信任的维度划分为可信性和善意,可以将可信性和善意作为供应链协作信任的两种心理行为表现,而这两种心理行为在协作关系的不同阶段表现不同。表4-4列示了供应链协作信任这两个维度变量的度量项目。

表4-4　供应链协作信任两个维度的具体度量项目

变量	度量项目
可信性	合作企业有能力履行契约的要求 如果出现问题合作企业能开诚布公,合作企业的承诺是可靠的 相当确定合作企业可能的行为
善意	关心并理解合作企业的需求和文化 如果出现问题,会多为合作企业的得失考虑 愿意与合作企业相互接近并听取彼此的意见 将合作企业看作是自己的一部分并拥有共同的看法

（5）再次合作意愿

再次合作意愿指一方对未来与另一方进行交易的可能性认知(Pavlou,2002)。再次合作意愿衡量了供应链企业与其合作企业进一步发展交易关系的意图。目前,学者们对不同背景下的再次合作意愿进行了度量,例如Pavlou和Gefen(2004)指出了再次合作意愿的三个度量项目,包括如果有机会就会出价进行合作、未来还会有合作意图、如果有机会就会发布合作需求。Pavlou(2002)针对B to B市场,指出了再次合作意愿的度量可分为两个方面,包括不期望与现有合作者继续交易和可能在很长一段时间内与现有合作者进行交易。表4-5列示了再次合作意愿变量的具体度量项目。

表4-5 再次合作意愿的具体度量项目

变量	度量项目
再次合作意愿	一年内还会和现有合作企业进行下一次的交易 五年之内都会与现有合作企业进行合作 愿意扩大与现有合作企业合作的业务

4.2.2 问卷设计及抽样过程

正式问卷包括以下四个部分:第一,本次调研的背景资料,有助于被访问人对调研背景产生一定的感性认知;第二,被调查人员所在组织的基础信息,有助于确认样本的可代表性,筛选有效问卷,并获取样本的描述性特征;第三,问卷主体部分填写说明,指出问卷中具体的格局安排,以明确问卷填写方法;第四,主体问题部分,按照模型要素分类设计。正式问卷贯彻了"问题导向"的研究设计思路,并且紧密围绕供应链协作信任研究模型的核心要素展开,采用了国际上惯用的、简洁的结构化表现形式。对题项选择采用的是 Likert 量表的七点方式,数字 1~7 代表的含义是:1—完全不显著(或完全不重要)、2—很不显著(或很不重要)、3—不显著(或不重要)、4—无所谓、5—显著(或重要)、6—很显著(或很重要)、7—非常显著(或非常重要)。随着数字的增大,与题目内容的符合情况逐渐加强。

本次调查共发放问卷 500 份,回收 419 份问卷,其中 32 份由于企业不合作、企业清算等原因被剔除。与此同时,问卷中包含了所在企业规模必须低于1 000 人、调查对象在现在企业中的工作年限必须高于五年以及调查对象必须是对企业采购或销售业务比较熟悉的高层管理成员的要求。共有 66 个调查对象无法满足上述对企业规模、工作年限或者职务的要求,另外有 3 份问卷的信息严重不足,无法进行统计分析。因此,共获得 318 份有效问卷,满足了数据分析方法大样本(至少 300)的要求,问卷回收率为 83.8%,有效回收率为 63.6%,注意该回收率在同类调查中算是比较高了。在社会科学研究中,对企业高层管理者的问卷调查回收率达到 20% 即可认为可接受(Gaedeke & Tooltelian,1976),因此,可以认为本次调查的过程和结果基本满意。

4.2.3 模型的验证方法与程序

本研究的研究方法比较多,主要有描述性统计分析、信度分析、效度分析、验证性因子分析以及结构方程模型分析。用到的统计软件主要有两类:第一类是 SPSS 16.0,主要是分析描述性统计分析、信度分析、效度分析及因子分析;第二类是 AMOS 6.0,作为结构方程模型分析。

(1) 描述性统计分析

本部分主要对调查的对象进行初步分析,主要描述公司的业务范围、公司的性质、公司的规模等相关信息。同时还有调查的对象等大体情况。

(2) 信度分析

信度分析主要是检验所设计的量表在度量相关变量时是否具有稳定性和一致性。具体来说,是指检验量表内部各个题项间相符合的程度以及两次度量的结果前后是否具有一致性。常用的检验信度指标有三个:稳定性(Stability)、等值性(Equivalence)和内部一致性(Internal Consistency)。本研究采用内部一致性指标对量表的信度进行检验。内部一致性的估计方法有很多,常以 Cronbach's α 系数来估计。Cronbach's α 系数越大,表示该变量各个题项的相关性越大,即内部一致性程度越高。美国统计学家 Hair,Anderson,Tatham 和 Black 认为 Cronbach's α 大于 0.7 为高信度,如果计量尺度中的项目数小于 6 个时,Cronbach's α 大于 0.60,数据也可接受,低于 0.35 为低信度,0.5 为最低可接受的信度水平(Cuieford J. P.,1965)。

传统的 Cronbach's α 系数假设所有指标和测度变量之间完全相关,没有测度误差,这在实际操作中明显不合理,完全相关假设会造成 Cronbach's α 被低估(Bollen K. A.,1989)。故本研究在测度 Cronbach's α 系数的基础上,应用结构方程模型的验证性因子分析技术检测个别项目信度(Individual Item Reliability,IIR)、潜在变量组成信度(Composite Reliability,CR)以及平均变异抽取量(Average Variance Extracted,AVE)等三个衡量指标。个别项目信度也就是测量工具用于衡量变量的一致性程度,可以用验证性因子中的因子负荷进行判断,以大于 0.5 作为最低可接受水平。而潜在变量的组成信度则依照 Fornell 与 Larcker 的建议值 0.7 作为标准(Fornell Class & Davis F. Larcker,1981)。最后,平均变异抽取量用来计算指标对其测度变量平均解释能力。若 AVE 越高,则表示该潜在变量具有较好的信度以及收敛效度,Bagozzi 和 Youjae 建议 AVE 值必须大于 0.5。

(3) 效度分析

效度主要包括内容效度和构念效度两种。内容效度主要是用来反映量表内容切合主题的程度。检验的方法主要采用专家判断法,由相关专家和消费者就题项恰当与否从理论和现实角度进行评价。这是一个量表的首要效度,只有通过内容效度的量表,构念效度检验才具有理论基础。

构念效度主要是用来检验量表是否可以真正度量出所要度量的变量。主要分为会聚效度（Convergent Validity）和区分效度（Discriminate Validity）两种。一般采用验证性因子分析来检验这两种效度：会聚效度，检验各个指标与所度量构面的因子负荷 λ 值是否显著（λ 值大于两倍的标准差）。区分效度，从现有文献来看，有四种方法来检验区分效度，一是计算相关构面的相关系数，若该相关系数值在 95% 的置信区间上显著，则可以认为相关构面之间具有区分效度（Anderson & James C. ,1987）。二是对限定性和非限定性计量模型的卡方值（χ^2）和自由度进行比较分析。设定限定性计量模型每一组构面之间的相关系数固定为 1.0，非限定性计量模型则设定每组构面之间的相关系数为待估计参数，分别计算两个计量模型的 χ^2 之差和自由度之差。非限定计量模型的了值低于限定模型的 χ^2 值，且达到显著水平（$\Delta\chi^2>3.96$），表明这组构面并不是两个相同的概念，构面之间具有区分效度。三是计算每个构面的（James C. Anderson，David W. Gerbing，1988）平均变异抽取量与其他构面的相关系数，当一个构面的平均变异抽取量大于该构面与其他构面的相关系数时，表示这两个构面之间具有区分效度（Fornell & Johnson，1996）。四是比较各个潜变量被解释方差与该变量与其他变量的共同方差，如果前者大于后者，则表明该数据有较高的判别有效性。国际权威营销学术期刊（如 *Journal of Marketing* 等）主要采用第一种检验方法，因此本研究也类似地使用此方法对量表进行效度检验。

（4）因子分析

因子分析法（Factor Analysis）是从研究变量内部相关的依赖关系出发，把一些具有错综复杂关系的变量归结为少数几个综合因子的一种多变量统计分析方法。它的基本思想是将观测变量进行分类，将相关性较高，即联系比较紧密的分在同一类中，而不同类变量之间的相关性则较低，那么每一类变量实际上就代表了一个基本结构，即公共因子。对于所研究的问题就是试图用最少个数的不可测的所谓公共因子的线性函数与特殊因子之和来描述原来观测的每一分量。

本研究用到验证性因子分析，验证性因子分析试图检验观测变量的因子个数和因子载荷是否与基于预先建立的理论的预期一致。指示变量是基于先验理论选出的，而因子分析是用来看它们是否如预期的一样。研究者的先验假设是每个因子都与一个具体的指示变量子集对应。

验证性因子分析至少要求预先假设模型中因子的数目，但有时也预期哪些变量依赖哪个因子。例如,研究者试图检验代表潜在变量的观测变量是否真属于一类。

而验证性因子分析主要有以下 6 个步骤:

① 定义因子模型;

② 收集观测值;

③ 获得相关系数矩阵;

④ 根据数据拟合模型;

⑤ 评价模型是否恰当;

⑥ 与其他模型比较。

(5) 结构方程模型

结构方程模型的思想起源于 20 世纪 20 年代 Sewll Wright 提出的路径分析概念。有人又称结构方程模型为联立方程模型、因果模型等(孟鸿伟,1994)。结构方程模型发展过程中较大的一个突破就是发展了潜变量的概念,它是社会学、经济学和心理学等多种学科共同发展的成果。

传统的多变量分析方法如复回归、因子分析、多变量方差分析、相关性分析等只能在同一时间内检验单一的自变量与因变量关系,而且这些分析方法往往存在理论上的假设限制及使用缺陷。因子分析能反映变量与变量之间的关系,但无法进一步分析变量间的因果关系。而路径分析虽然可以分析变量之间的因果关系,但实际情况却难以符合其变量之间的测量误差为零、残差之间不相关、因果关系为单向等基本假设。

结构方程模型整合了路径分析、验证性因素分析与一般统计检验方法,可分析变量之间的相互因果关系,包括了因子分析与路径分析的优点。同时,它又弥补了因子分析的缺点,考虑到了误差因素,不需要受到路径分析的假设条件限制。

结构方程模型可同时分析一组具有相互关系的方程式,尤其是具有因果关系的方程式。这种可同时处理多组变量之间的关系的能力,有助于研究者开展探索性分析和验证性分析。当理论基础薄弱、多个变量之间的关系不明确而无法确认因素之间关系的时候,我们可以利用探索性分析来研究变量之间的关系;当研究有理论支持的时候,我们可应用验证性分析来验证变量之间的关系是否存在。

(6) 结构方程模型的基本原理

结构方程模型是验证性因子模型(验证性因子分析)和因果模型(路径分

析)的结合体,所包含的因子模型又称为测量模型(Measurement Model),其中的方程称为测量方程(Measurement Equation),描述了潜变量与观察变量之间的关系;所包含的因果模型又称为潜变量模型(Latent Variable Model),也称为结构模型,其中的方程称为结构方程(Structural Equation),描述了潜变量之间的关系。模型如下:

① 结构模型(Structural Equation Model)

$$\boldsymbol{\eta} = \boldsymbol{B\eta} + \boldsymbol{\Gamma\xi} + \boldsymbol{\zeta}$$

② 测量模型(Measurement Model)

X 的测量模型(Measurement Model X)

$$\boldsymbol{X} = \boldsymbol{\Lambda_x \xi} + \boldsymbol{\delta}$$

Y 的测量模型(Measurement Model Y)

$$\boldsymbol{Y} = \boldsymbol{\Lambda_Y \eta} + \boldsymbol{\varepsilon}$$

其中:

$\boldsymbol{\eta}$:$m \times 1$ 向量,内生潜变量;

$\boldsymbol{\xi}$:$n \times 1$ 向量,外生潜变量;

$\boldsymbol{\Gamma}$:$m \times n$ 矩阵,在结构方程模型中,外生潜变量 $\boldsymbol{\xi}$ 的系数;

$\boldsymbol{B}$:$m \times m$ 矩阵,在结构方程模型中,内生潜变量 $\boldsymbol{\eta}$ 的系数;

$\boldsymbol{\zeta}$:$m \times 1$ 矩阵,在结构方程模型中,潜变量的随机误差;

$\boldsymbol{X}$:$q \times 1$ 向量,外生潜变量 $\boldsymbol{\zeta}$ 的标识变量;

$\boldsymbol{\Lambda_x}$:$q \times n$ 矩阵,标识变量 $\boldsymbol{X}$ 对外生潜变量 $\boldsymbol{\zeta}$ 的回归系数;

$\boldsymbol{\delta}$:$q \times 1$ 向量,$\boldsymbol{X}$ 的测量误差;

$\boldsymbol{Y}$:$p \times 1$ 向量,内生潜变量 $\boldsymbol{\eta}$ 的标识变量;

$\boldsymbol{\Lambda_Y}$:$p \times m$ 矩阵,标识变量 $\boldsymbol{Y}$ 对内生潜变量 $\boldsymbol{\eta}$ 的回归系数;

$\boldsymbol{\varepsilon}$:$p \times 1$ 向量,$\boldsymbol{Y}$ 的测量误差。

以上模型满足:

$\boldsymbol{\varepsilon}$ 与 $\boldsymbol{\eta}$ 不相关;

$\boldsymbol{\delta}$ 与 $\boldsymbol{\xi}$ 不相关;

$\boldsymbol{\zeta}, \boldsymbol{\varepsilon}$ 与 $\boldsymbol{\delta}$ 互不相关。

(7) 本研究的模型的路径图与相关系数

本研究采用 AMOS 6.0 软件程序来分析样本资料。数据采集完毕后直接输入 SPSS 16.0,再导入 AMOS 6.0 中,然后,依照路径图列出结构模型、测量模型以及它的参数矩阵,计算出各模型的拟合度指标,并估计各参数指标,最后进行整体模型的解释与各个研究假设的检验。

其中:椭圆表示潜变量,矩阵表示标识变量,单项箭头线条表示单项因果关系,单项箭头指向指标表示测量误差(如图 4-1 所示)。

具体地说,在结构方程模型中各个研究变量的测量指标为:

ξ_1 表示知识共享水平:$X_1 \sim X_4$ 为高层的态度、知识的特点、信息技术水平、合作与信赖;

ξ_2 表示冲突管理能力:$X_5 \sim X_9$ 为利润分配均衡、认知的差异、沟通顺畅与否、预期期望、角色的匹配;

η_1 表示供应链绩效:$Y_1 \sim Y_8$ 为信任、合作、承诺、依赖、创新学习、内部流程、用户、财务的角度;

$\delta_1 \sim \delta_{11}$ 为知识共享水平、冲突管理能力的各个指标的测量误差;

$\varepsilon_1 \sim \varepsilon_8$ 为供应链绩效各个指标的测量误差。

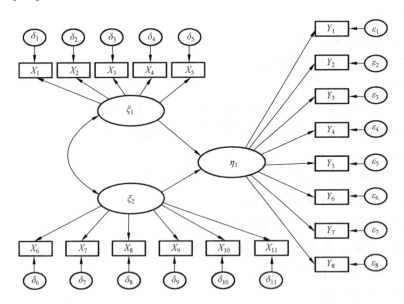

图 4-1 了解阶段的结构方程模型设定

(8) 本研究结构方程模型的基本分析步骤

结构方程模型(SEM)分析的基本程序可以分为模型发展、估计评价和解释讨论三个阶段,包含了理论发展、模型设定、模型识别、数据收集与预处理、参数估计、模型拟合度估计、模型修正、模型解释与讨论等步骤,如图 4-2 所示。

本研究的第一阶段的研究任务基本结束,这里主要介绍了结构方程模型的基本概况,并且设定了基本模型。接下来的研究任务是:数据的收集、参数估计、拟合度评价、模型的修正,最后还要对研究的结论进行解释。

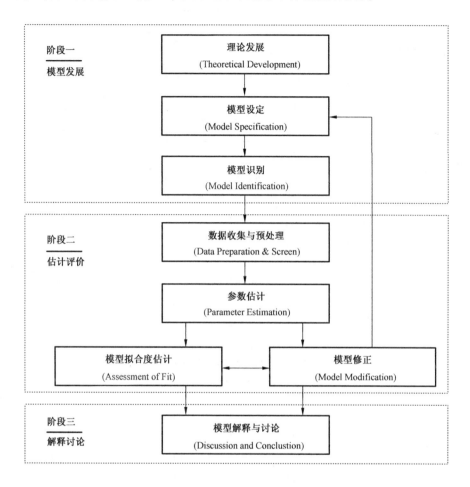

图 4-2　结构方程模型(SEM)分析程序

4.3　数据分析

4.3.1　数据特征描述

数据特征描述的结果通过表格的形式加以说明,表 4-6 给出了调查对象的所在城市的分布情况,表 4-7 给出了调查对象的职务统计情况,表 4-8 给出了调查对象的学历统计情况,表 4-9 给出了调查对象所在企业的节点类型统计情况、表 4-10 给出了调查对象所在企业的员工规模统计情况。在这五个表格中都包含了每个调查对象基础信息的不同属性所占的比例和累计比例。

表4-6　调查对象的所在城市统计

类型	频数(人)	比例(%)	累计比例(%)
北京	50	15.7	15.7
广州	62	19.5	35.2
上海	73	23.0	57.2
西安	104	32.7	90.9
其他	29	9.1	100.0
总计	318	100.0	100.0

表4-7　调查对象的职务统计

类型	频数(人)	比例(%)	累计比例(%)
董事长	25	7.9	7.9
总经理	37	11.6	19.5
副总经理	45	14.2	33.7
主管采购或销售的中层以上管理人员	211	66.3	100.0
总计	318	100.0	100.0

表4-8　调查对象的学历统计

类型	频数(人)	比例(%)	累计比例(%)
研究生以上	142	44.7	44.7
本科	98	30.8	75.5
大专	42	13.2	87.7
高中或中专	36	11.3	100.0
总计	318	100.0	100.0

表4-9　调查对象所在企业的节点类型统计

类型	频数(人)	比例(%)	累计比例(%)
原料供应商	64	20.1	20.1
制造商	78	24.5	44.6
分销商	56	17.6	62.2
代理商	69	21.7	83.9
零售商	51	16.1	100.0
总计	318	100.0	100.0

表4-10 调查对象所在企业的员工规模统计

类型	频数(人)	比例(%)	累计比例(%)
100 人以下	85	26.7	26.7
101~100 人	55	17.3	44.0
401~700 人	85	26.7	70.7
701~1000 人	93	29.3	100.0
总计	318	100.0	100.0

4.3.2 测量模型及其评估

前面主要是根据已有研究对变量的度量以及变量本身的概念和内涵进行各变量的选择和度量,为了验证度量项目的可靠性和有效性,需要确定是否存在与样本数据相匹配的无约束(或最小约束)公因子模型,无约束模型的因子(潜在变量)个数与假定的结构方程相等,但对观测变量与潜在变量之间的关系不施加任何约束,即认为每个观测指标从属于所有潜在变量。从数学角度分析,无约束模型与因子个数相同的 EFA(探索性因子)分析模型等同。本研究具体采用 SPSS 进行 EFA 分析,通过 EFA 建立无约束模型,针对本次抽样的实际情况(318 份),将变量的所有度量项目输入 SPSS 以主成分分析法和 Promax 斜交旋转过程进行 EFA 分析。在此基础上,采用 AMOS 6.0 进行 CFA(验证性因子)分析,评估 SPSS 建立的无约束模型的拟合优度,并且评估理论模型和研究假设的拟合优度。下面将分别建立和评估了解、发展和认同阶段的测量模型。

下面通过测量模型来描述了解阶段各因子与其度量项目之间的关联,将整个数据分别在各子数据集上建立相应的测量模型(见表4-11,图4-3~图4-6)。

表4-11 绝对拟合和相对拟合

	指标	指标值		
		了解阶段	发展阶段	认同阶段
绝对拟合	df	67	67	67
	χ^2	54.1	57.1	45.0
	GFI	0.976	0.992	0.980
	AGFI	0.963	0.987	0.969
	RMSEA	0.000	0.000	0.000

续表 4-11

指标		指标值		
		了解阶段	发展阶段	认同阶段
相对拟合	CFI	1.000	1.000	1.000
	NFI	0.963	0.977	0.956
	IFI	1.009	1.065	1.023

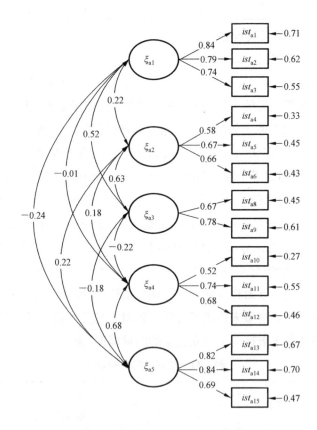

图 4-3　了解阶段制度信任测量模型

　　将所获得各阶段"信息共享"的 7 个度量项目值输入 SPSS 16.0,以主成分分析法进行 EFA 分析,旋转方法为 Promax 斜交旋转,旋转次数为 4 次,可以得到信息共享的无约束度量模型。各阶段 KMO 统计量分别为 0.744,0.696 和 0.680,表明变量间的相关程度无太大差异,数据适合作因子分析。同时,可获得抽取 2 个因子时的各阶段度量项。

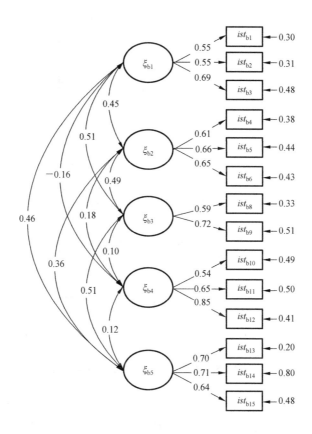

图 4-4　发展阶段制度信任测量模型

　　图 4-5 为发展阶段结构模型的潜在变量之间的关系。发展阶段的结构模型拟合指数的分析结果为：Chi-square = 440. 0, DF = 576；GFI = 0. 931；AGFI = 0. 915；RMSEA = 0. 000；CFI = 1. 000；NFI = 0. 901；IFI = 1. 035。因此，可以认为该阶段结构模型的拟合程度是可以接受的。图 4-6 显示了结构模型中各潜在变量之间的标准化路径系数及相应的 P 值。

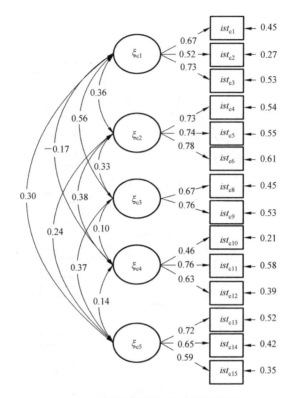

图 4-5　认同阶段制度信任测量模型

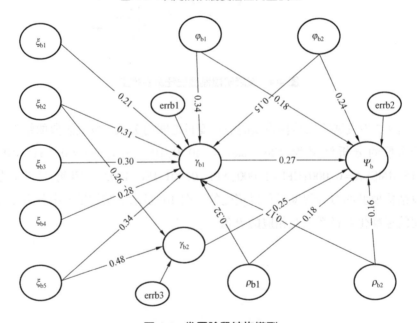

图 4-6　发展阶段结构模型

4.3.3 小结

本章对于调查问卷所获得的样本数据进行了分析,这些分析不仅包含一般意义上的数据特征描述,还着重通过测量模型来描述了解阶段各因子与其度量项目之间的关联,将整个数据分别在各子数据集上建立相应的测量模型,通过结构模型来描述各个潜变量之间的关系,计算标准化路径系数,并进行显著性判断以及结构模型的拟合程度判断。具体方法如下:在进行数据特征描述的基础上,通过 SPSS 16.0 进行了 EFA 分析,建立了各研究因子的无约束度量模型,在此基础上,通过 AMOS 6.0 进行了 CFA 分析,评估了各个无约束模型的拟合优度,并且运用 AMOS 对不同阶段的结构模型进行了拟合优度评估。

4.4 假设检验结果及讨论

4.4.1 假设检验结果

表 4-12 表明了所提出假设的检验情况,给出了供应链协作关系各阶段假设的路径系数和显著性,以及假设被支持还是拒绝的最后结论。其中,涉及潜变量间相关程度变化的假设是通过比较不同阶段的路径系数来验证的。

表 4-12 模型假设检验结果表

所属阶段	假设	路径系数/变化趋势	P 值	结论
了解阶段	H1a	0.26	0.017	支持
	H1b	0.42	0.000	支持
	H1c	0.38	0.037	支持
	H1d	0.35	0.004	支持
	H1e	−0.09	0.324	不支持
	H1f	0.41	0.001	支持
	H1g	0.24	0.010	支持
	H1h	0.20	0.001	支持
	H1i	0.25	0.000	支持
	H1j	−0.50	0.000	不支持
	H1k	−0.25	0.005	支持
	H1l	0.22	0.000	支持
	H1m	−0.21	0.001	支持
	H1n	0.31	0.000	支持

续表 4-12

所属阶段	假设	路径系数/变化趋势	P 值	结论
	H2a	0.21	0.023	支持
	H2b	1		支持
	H2c	0.31	0.000	支持
	H2d	0.26	0.001	支持
	H2e	1		支持
	H2f	0.30	0.002	支持
	H2g	1		支持
	H2h	0.28	0.000	支持
	H2i	1		支持
	H2j	0.34	0.000	支持
	H2k	0.48	0.000	支持
	H2l	—		不支持
发	H2m	0.34	0.000	支持
展	H2n	1		支持
阶	H2o	0.15	0.021	支持
段	H2p	1		支持
	H2q	0.18	0.002	支持
	H2r	1		支持
	H2s	0.24	0.000	支持
	H2t	1		支持
	H2u	−0.32	0.001	不支持
	H2v	—		不支持
	H2w	−0.17	0.030	支持
	H2x	1		支持
	H2y	0.18	0.009	支持
	H2z	1		支持
	H2A	−0.16	0.004	支持
	H2B	1		支持

续表 4-12

所属阶段	假设	路径系数/变化趋势	P 值	结论
发展阶段	H2C	0.27	0.000	支持
	H2D	1		支持
	H2E	0.25	0.000	支持
认同阶段	H3a	0.43	0.000	支持
	H3b	t		不支持
	H3c	0.20	0.002	支持
	H3d	0.29	0.000	支持
	H3e	1		支持
	H3f	t		支持
	H3g	0.19	0.026	支持
	H3h	1		支持
	H3i	0.22	0.001	支持
	H3j			支持
	H3k	0.12	0.024	支持
	H3l	0.40	0.000	支持
	H3m	1		支持
	H3n	1		不支持
	H3o	0.30	0.000	支持
	H3p	0.33	0.000	支持
	H3q	1		支持
	H3r	0.23	0.001	支持
	H3s	t		不支持
	H3t	0.10	0.066	支持
	H3u	1		支持
	H3v	0.34	0.000	支持
	H3w	t		不支持
	H3x	−0.21	0.007	不支持
	H3y	—		不支持

续表 4-12

所属阶段	假设	路径系数/变化趋势	P 值	结论
认同阶段	H3z	0.17	0.006	支持
	H3A	不变		不支持
	H3B	0.14	0.014	支持
	H3C			支持
	H3D	0.10	0.059	支持
	H3E			支持
	H3F	0.13	0.001	支持
	H3G	1		支持
	H3H	0.28	0.000	支持
	H3I	t		支持

注:$P<0.10$ 说明假设所描述的变量之间的关系在 90% 的置信度上显著。

4.4.2 结果讨论

(1) 制度信任对供应链协作信任的影响

从了解阶段假设 H1a, H1b, H1c, H1d 和 H1e 的验证情况来看,除了假设 H1e,所有假设和所预期的基本一致,了解阶段中制度信任对于供应链协作信任具有比较显著的影响作用。H1e 没有得到验证,结果表明,合作规范的有效性认知与可信性之间并没有呈现预期的正向关系,并且 P 值大于 0.1. 这可能是由于了解阶段成员企业之间关系的不确定性,成员企业在供应链协作关系发展的初期还没有形成相互依赖的关系,当然也无法达成有效的合作规范,因而使得样本企业对于了解阶段合作规范的有效性还存在疑惑,这可能影响了假设 H1e 中关系的显著性。其他假设的研究结果得到了完全验证,这与 Pavlou 等 (2003)、Pavlou 和 Ba(2002)的研究结果是一致的,他们都认为制度信任与供应链协作信任之间存在着关系。因此,这些研究结果是对以往许多研究观点的实证,同时也进一步从理论上证明在供应链协作关系发展的最初阶段制度信任各维度对供应链协作信任的影响。

所提出的假设 H2a, H2b, H2c, H2d, H2e, H2f, H2g, H2h, H2i, H2j, H2k 和 H2l 涉及了发展阶段制度信任和供应链协作信任之间的关系及其关系的变化趋势。研究结果表明,在供应链协作关系的中间阶段,即发展阶段,涉及了制度信任和供应链协作信任之间关系的假设验证结果与我们的预期一致,即监控的有效性认知、反馈的有效性认知、认证的有效性认知、契约的有效性认知及合作规范的有效性认知对于可信性都有着正向影响,反馈的有效性认知和合作规范的有效性认知对善意也有着正向影响。这在一定程度上证明了 Pavlou 等(2003)的研究结论,即制度性的外部客观结构能够推动和发展供应链协作信任,与此同时,这种制度信任能够从监控、反馈、认证、契约和合作规范五个不同的角度减小成员企业投机的可能性,提高成员企业间的可信性和善意。与上一阶段相比,制度信任与供应链协作信任之间的假设关系增加了反馈的有效性认知对善意的影响和合作规范的有效性认知对善意的影响,这主要因为发展阶段的反馈机制在一定程度上反映了合作方的价值、原则及善意意图,而合作规范在一定程度上也反映了企业相关的价值、标准和规则,这就为供应链实践中发展善意维度的信任关系提供了分析问题和解决问题的新视角。同时,在发展阶段涉及制度信任和供应链协作信任之间关系变化趋势的假设中,除了假设 H2l,其他的假设验证结果均与我们预期的一致,这些研究结果与 Pavlou 等(2003)所指出的结构性担保的有效作用会随着企业关系的发展而削弱的观点是一致的。而假设 H2l 无法验证的原因与了解阶段假设 H1e 的未通过验证直接相关。

认同阶段涉及了制度信任与供应链协作信任之间的关系及其关系变化趋势的假设主要有 H3a,H3b,H3c,H3d,H3e,H3f,H3g,H3h,H3i,H3j,H3k,H3l,H3m 和 H3n。其中,H3a,H3c,H3g,H3l 和 H3k 反映了制度信任各维度对可信性的影响,H3d 和 H3l 反映了反馈的有效性认知和合作规范的有效性认知对于善意的影响。本研究预期假设 H3b 反映的是认同阶段中监控的有效性认知对可信性的影响作用较小,假设 H3a 与假设 H2a 路径系数比较,认同阶段 H3a 的系数较大,假设 H3b 没有得到验证,这表明与上一阶段相比,监控的有效性认知对可行性的影响的变化没有达到预期的结论。假设 H3b 没有得到支持的原因有以下两个:第一,监控的有效性认知强调的是第三方行为,即通过第三方监控来确保交易都能按照供应链预先建立的标准执行,然而在供应链协作关系的发展和认同阶段,相互依赖的成员关系会使得第三方监控在其供应链实践的运作过程中的效率降低。第二,由于监控机制需要第三方行为,而大部分样本企业尚未建立比较完善的供应链运作体系,虽然他们认识到了监控机制的重要性,但对于监控机制在供应链协作关系的发展和认同阶段的重要程度,还没有确定的切身认识,因此这也是造成假设 H3b 没有得到支持的重要原因。假设 H3n 涉及了认同阶段与发展阶段相比,合作规范的有效性认知对善意影响作用的变化,结果表明,认同阶段的相关路径系数为 0.40,小于发展阶段的相关系数

0.48，因此，假设 H3n 没有通过验证。没有通过验证的原因可能与描述潜在变量的观测变量的选择有关，本书对观测变量的设计只是在现有研究的基础上对合作规范的有效性认知的简单划分，是否有效反映这一潜变量还有待相关研究的支持。

（2）信息共享对供应链协作信任、再次合作意愿的影响

以往关于信息共享与信任之间关系的研究，并没有考虑供应链协作关系的动态变化，因此所得出的结论难免笼统而片面，并且缺乏实证。因此，前面假设验证的结果是对现有研究的一种深入，是运用实证方法弥补动态过程中信息共享与供应链协作信任之间差异性关系研究的不足。其中，所提出的假设 H1f 和 H1g 涉及了了解阶段中信息共享与供应链协作信任之间的关系，我们预期了解阶段信息共享的程度认知和信息共享的质量认知均有利于供应链协作信任中可信性的培养。假设检验的结果支持了我们的预期，即了解阶段信息共享的程度和质量越大，供应链成员企业的可信性也越有保证；而信息共享的程度和质量越低，越会降低成员企业的可靠性和能力。我们的结论与 Narasimhah 和 Nair（2005）的研究结论部分一致，他们指出了供应商-客户关系中信息共享有利于促进供应商信任和供应链企业的亲密度。本研究区别于其他研究的主要特点是更加关注动态过程中变量之间的差异性变化，上面同样的假设也应用于发展阶段和认同阶段，并且都通过了显著性检验。存在差异的是，在认同阶段，信息共享的程度认知和质量认知对于善意也有着正向影响，这主要因为认同阶段中共享的信息不仅包括了必要的事务水平信息和选择性的运作水平信息，也包括了情感水平信息，情感信息的涉及缩短了信息共享与善意的距离。与此同时，假设 H2n 和 H2p 反映了发展阶段信息共享的程度认知和质量认知对可信性影响程度的变化，假设 H3q 和 H3s 反映了认同阶段信息共享的程度认知和质量认知对可信性影响程度的变化，其中，前三个假设均获得了验证。然而，假设 H3s 没有通过验证。该假设提出的一个逻辑是，在供应链协作关系最初阶段，扩大信息共享的质量，受惠成员企业会认为这是对方的信任态度，根据信任的传染性特征，可以快速建立与另一方的信任关系，少量的程度认知可以导致更多的信任。然而，调查数据显示，在供应链协作关系的发展和认同阶段，样本企业信息共享的质量逐步提高，并且其各阶段相应假设的路径系数逐步增大，这表明信息共享的程度认知对可信性的影响与预期假设并不一致，当供应链协作关系发展到一定水平时，信息共享的质量认知对可信性的影响不会继续减小。从信息共享质量认知的度量项目来看，将信息共享的质量认知划分为信息共享的及

时性、准确性和完全性,数据显示,相对于发展阶段,这三个角度的信息共享质量在认同阶段有一定程度的增长,因此,H3s 不支持的原因可能与描述潜在变量的观测变量的选择有关。如前文所交代的那样,观测变量的选择是在现有研究的基础上对供应链中信息共享质量认知的简单划分,这些观测变量是否能够有效反映我国供应链企业信息共享的质量,还需要理论研究和实证研究相关结果的支持,本研究只是对这一关系进行了探索性的研究。

信息共享的程度认知和质量认知对于再次合作意愿有着正相关的影响,这两个假设关系在了解阶段、发展阶段和认同阶段都存在着,只是它们的影响程度不同而已。假设 H1h,H1i,H2q,H2s,H3t 和 H3v 分别反映了三个阶段中信息共享的程度认知和质量认知与再次合作意愿之间的关系,这六个假设已按照预期被验证,这与 Li 和 Lin(2006)的研究结论部分一致,一定范围内的及时、准确、完全的信息共享可以有效地推动和促进成员企业的进一步合作。同时,假设 H2r,H2t,H3u,H3w 分别反映了发展阶段和认同阶段信息共享对再次合作意愿的影响程度的变化,相对于上一阶段,它们的影响程度都减小。这四个假设提出的逻辑是,随着供应链协作关系的发展,成员企业对于其合作企业肯定的知识逐渐积累,因此可共享信息程度和质量的变化只能在一定程度上影响行为意图。然而,假设 H3w 的验证结果没有得到支持,这仍然可能与描述"信息共享的质量认知"这一潜在变量的观测变量的选择有关,从而影响了潜变量之间相关程度的变化。

(3) 专用资产投资对供应链协作信任、再次合作意愿的影响

在讨论专用资产投资与供应链协作信任之间的关系上,我们提出了十个假设,分别假设了各阶段合作企业和响应合作企业的专用资产投资认知对供应链协作信任的影响及其变化。其中,假设 H1j,H2u,H2v,H3x,H3y 涉及了合作企业的专用资产投资与供应链协作信任中可信性的关系,这五个假设都没有得到验证,验证结果表明,合作企业的专用资产投资对可信性具有负向的影响,这与预期的相反,假设没有得到支持可能是因为:上述几个假设提出的逻辑是合作企业进行专用资产投资,这样的行为表明了合作企业的合作态度,合作企业对其所进行的专用资产投资的认知,会在很大程度上促进供应链协作信任的发展。然而,在实际的调研过程中,我们也发现样本企业也关注可替代合作企业的需求。Suh 和 Kwon(2006)指出,合作伙伴的可替代性会弱化专用资产投资与信任之间的关系,甚至产生反方向的推动作用。因此,从这个角度来看,表明样本企业在重视合作伙伴关系发展的同时,也会关注合作伙伴的可替代性。因

此,这一方面的原因可能导致了假设 H1j,H2u,H3x 的关系无法得到验证。在此基础上,由于假设 H2v 和 H3y 是分别通过比较假设 H1j 和 H2u、假设 H2u 和 H3x 的路径系数来检验的,既然假设 H1j,H2u 和 H3x 都无法得到完全验证,那么假设 H2v 和 H3y 也将无法得到支持的结论。与此同时,假设 H1k,H2w,H2k,H3z 和 H3A 涉及了响应合作企业的专用资产投资与可信性的关系,除了假设 H3A 没有得到支持,其他假设都得到了验证,这些研究结论与 Suh 和 Kwon(2006)的观点是部分一致的,他们在没有划分供应链协作关系阶段的情况下,指出了响应合作企业的专用资产投资与信任的关系。从数据分析结果来看,关系发展经历了了解阶段、发展阶段到认同阶段,合作企业的专用资产投资认知的各度量项目平均值也逐步提高,这也表明了合作企业进行专用资产投资的意愿也在逐步提高。另外,假设 H3A 没有得到支持的结论表明,在供应链协作关系的发展阶段和认同阶段,响应合作企业的专用资产投资认知对于可信性的影响没有显著的差别。因为响应合作企业进行专用资产投资的动机比较复杂,可能出于对长期合作关系的信心,也可能由于意外事件的出现而不得已采取的监控措施。

专用资产投资与再次合作意愿之间的关系并非本书研究的重点,但在追求模型整体拟合性的过程中对这一组关系的探讨也得出了一些有意义的结论。对于合作企业的专用资产投资认知和再次合作意愿之间的关系来讲,我们共提出了五个假设,各阶段检验结果与预期的五个假设是完全一致的。也就是说,合作企业的专用资产投资认知能够促使供应链的成员企业之间进行更深入的合作,这个结论同样适用于供应链协作关系的了解、发展和认同阶段,并且相对于上一阶段,这种影响程度有着差异性的变化。与此同时,响应合作企业的专用资产投资认知对再次合作意愿的负向影响也得到了完全支持,前面建立这一假设最主要的逻辑是推理行为理论(Ajzen & Fishbein,1980)认为显著的信心(即对某一行为可能后果的期望)对承担行为的意图具有影响作用,我们把响应合作企业的专用资产投资作为引导行为意图的信心,数据结果证实了我们的这一推断,可以认为在供应链协作关系的了解、发展和认同阶段,响应合作企业的专用资产投资对于再次合作意愿有着负向影响,而且这个影响关系会随着供应链协作关系的发展和稳定逐步减小。

(4)供应链协作信任对再次合作意愿的影响

再次合作意愿是作为一个后果性变量引入理论模型中的,供应链协作信任与再次合作意愿之间的关系也并非研究的重点,但其研究结论也具有一定的理论和实际意义。针对供应链协作信任与再次合作意愿之间的关系,我们在供应链协作关系的各个阶段分别提出了相应的假设。其中,假设 H1o、H2C 和 H3F 分别反映了了解阶段、发展阶段和认同阶段中可信性对再次合作意愿的正向影响,它们都已经按照预期被一一验证,这一结果是对 Ajzen 和 Fishbein(1980)观点的又一次证明,即信任能提高合作双方进行再次合作的可能性。在此基础上,假设 H2D 反映的是,相对于了解阶段,发展阶段中可信性对再次合作意愿的影响作用较小,同时假设 H3G 反映的是,相对于发展阶段,认同阶段中可信性对再次合作意愿的影响作用较小,这两个假设也已经得到了完全证实。之所以出现这种影响程度的差异性变化,主要还是由于在供应链协作关系各阶段中供应链协作信任的对象和基础的不同,而本书研究不同阶段中可信性对再次合作意愿的影响程度的变化也是对现有研究的一个改进,它反映了供应链协作信任动态过程中可信性与再次合作意愿关系的差异性变化。另外,假设 H2E、H3H 和 H3I 涉及了发展和认同阶段中善意对再次合作意愿的影响及其影响程度的变化,数据分析表明这三个假设都获得了支持结论,这说明在发展和认同阶段,善意可以推动供应链成员企业之间进一步的深入合作,并且相对于发展阶段,认同阶段中善意对再次合作意愿的影响作用较大。由此,我们可以认为,可信性和善意在供应链协作关系发展的不同阶段对再次合作意愿都有着直接影响,也可以将可信性和善意作为促进成员企业之间再次合作意愿的两个方向。

第5章 信任与承诺下供应链风险模型设计研究

供应链风险时常产生,其产生的后果会对供应链中的物流、信息流和资金流造成严重的破坏和冲击,甚至导致整个供应链瘫痪。对供应链突发事件风险系数的定量化测量与设计,有利于提高供应链风险的预警机制,并具有十分重要的理论意义和实际意义。

文献研究表明,供应链风险来源于供应链各个环节之中。建立供应链突发事件的预警机制相当重要,为了达到这个目的,本书认为对供应链风险预警系统的定量化测量是建立在供应链风险管理研究的基础上的。

5.1 信任与承诺下供应链风险模型测度设计

5.1.1 供应链风险影响因素研究

国内外研究发现,造成供应链风险的因素很多,通过归纳综合现有研究文献,本书认为引发供应链风险的突发事件的基本要素分为六大类,即环境风险、技术风险、市场风险、管理风险、合作风险与信息风险。各类风险又包含数目不等的风险指标,其指标的综合评价体系如表 5-1 所示。

表 5-1 供应链风险指标评价体系

风险类型	风险指标	风险类型	风险指标
环境风险 I_1	政治风险 I_{11}	管理风险 I_4	决策有限性 I_{41}
	经济风险 I_{12}		机会主义行为 I_{42}
	自然灾害 I_{13}		质量风险 I_{43}
技术风险 I_2	生产技术风险 I_{21}	合作风险 I_5	协调机制风险 I_{51}
	库存技术风险 I_{22}		伙伴能力风险 I_{52}
	运输技术风险 I_{23}		利润分配风险 I_{53}
	信息处理技术风险 I_{24}		战略柔性风险 I_{54}
市场风险 I_3	市场需求风险 I_{31}	信息风险 I_6	逆向选择 I_{61}
	市场营销风险 I_{32}		道德风险 I_{62}
	价格变动风险 I_{33}		牛鞭效应 I_{63}

5.1.2　供应链风险系数未确知测度评价模型构建

供应链风险系数未确知测度评价模型构建步骤：

第一，利用未确知测度矩阵得出各风险指标导致供应链突发的可能性；

第二，运用信息熵原理得出各风险类型的权重；

第三，综合单指标测度矩阵和指标权重得出供应链风险系数的综合测度。

（1）评价对象集、指标集与评价集

假设 $x_1, x_2, \cdots, x_n$ 表示 n 个待评价的对象，记为 $X = \{x_1, x_2, \cdots, x_n\}$；评价的对象 x_i 有 m 个指标 $I_1, I_2, \cdots, I_m$，则指标空间记为 $I = \{I_1, I_2, \cdots, I_m\}$；设 x_{ij} 表示第 i 个对象关于第 j 个指标 I_j 的测量值。对 x_{ij} 有 p 个评价等级 $c_1, c_2, \cdots, c_p$，则评价空间 $C = \{c_1, c_2, \cdots, c_p\}$。用 c_k 表示第 k 个评价等级。若 c_k 风险优于 c_{k+1} 级风险，则记为 $c_k > c_{k+1}(k = 1, 2, \cdots, p-1)$，若 $\{c_1, c_2, \cdots, c_p\}$ 满足 $c_1 > c_2 > \cdots > c_p$，则称 $\{c_1, c_2, \cdots, c_p\}$ 为评价空间 C 上一个有序分割类。

（2）单指标未确知测度

设 $\mu_{ijk} = \mu(x_{ij} \in c_k)$ 表示测度量值 x_{ij} 属于第 k 个评价等级 c_k 的程度，要求 μ 满足具有"非负有界性，可加性，归一性"的三条准则，即要求 μ 满足：$0 \leqslant \mu(x_{ij} \in c_k) \leqslant 1$；$\mu(x_{ij} \in \bigcup_{i=1}^{k} c_i) = \sum_{i=1}^{k} \mu(x_{ij} \in c_j)$；$\mu(x \in c_k) = 1$。其中，$i = 1, 2, \cdots, n; j = 1, 2, \cdots, m; k = 1, 2, \cdots, p$。满足上述三条测量准则的 μ_{ijk} 为未确知测度，简称为测度。称矩阵

$$
(\mu_{ijk})_{m \times p} =
\begin{matrix}
\mu_{i11} & \mu_{i12} & \cdots & \mu_{i1p} \\
\mu_{i21} & \mu_{i22} & \cdots & \mu_{i2p} \\
\vdots & \vdots & & \vdots \\
\mu_{im1} & \mu_{im2} & \cdots & \mu_{imp}
\end{matrix}
\tag{5-1}
$$

为评价对象 x_i 的单指标评价矩阵。

（3）分类指标权重的确定

文献研究发现现有研究中，对指标权重确定的方法有层次分析法、聚类分析法、熵权法等。其中，聚类分析法适用于多个项指标的重要程度分类研究，缺点是只能给出一级综合指标分类的权重，不能确定二级具体的单项指标的权重。层次分析法是将与决策总是有关的元素分解成目标、准则、方案等层次，在此基础之上进行定性和定量分析的决策方法，根据专家的知识和经验对评价指标的内涵与外延进行判断，具有很大的主观随意性。熵权法能够反映指标信息

熵值的效用价值,其给出的指标权重有较高的可信度,因此本书采用熵权法计算指标的权重。

根据信息熵理论,对于给定的某项指标,评价对象的测量值差异越大,则该指标对评价对象的作用越大,意味着该指标向决策者提供的有用信息越多,此时该指标的熵越小,信息熵理论的上述思想可以应用于对指标进行分类权重的计算。

对象 x_i 关于指标 I_j 的观测值 x_{ij} 使对象处于 $c_1, c_2, \cdots, c_p$ 各个评价等级的未确知向量为($\mu_{ij1}, \mu_{ij2}, \cdots, \mu_{ijp}$),记 μ_j^i($1 \le j \le p$)表示 x_{ij} 使 x_i 处于评价等级的未确知测度,则 $\mu_j^i = (\mu_{ij1}, \mu_{ij2}, \cdots, \mu_{ijp})$。

单指标测度 μ_{ijk} 取值分散与集中的程度反映 I_j 指标区分 x_i 的类别所作贡献的大小,亦即决定 I_j 指标关于 x_i 样本分类权重 w_j^i 的大小,而 μ_{ijk} 取值分散与集中的程度可用信息熵去定量描述。由信息熵定义:

$$H_i(j) = -\sum_{k=1}^{p} \mu_{ijk} \log \mu_{ijk}$$

令

$$v_j^i = 1 + \frac{1}{\log p} H(j)$$

即

$$v_j = 1 + \frac{1}{\log p} \sum_{k=1}^{p} \mu_{ijk} \log \mu_{ijk} \tag{5-2}$$

令

$$w_j^i = \frac{v_j^i}{\sum_{j=1}^{m} v_j^i} \tag{5-3}$$

显然 $0 \le w_j^i \le 1$ 且 $\sum_{j=1}^{m} w_j^i = 1$。

上式中,w_j^i 是指标 I_j 对 x_i 的分类权重。称 $\boldsymbol{W}^i = (w_1^i, w_2^i, \cdots, w_m^i)$ 为指标关于 x_i 的分类权重向量。

(4)多指标综合测度

已知关于 x_i 的单指标测度评价矩阵(5-1),关于 x_i 的各分类指标权重向量为 $\boldsymbol{W}^i = (w_1^i, w_2^i, \cdots, w_m^i)$,则有

$$\boldsymbol{\mu}^i = \boldsymbol{W}^i \cdot (\mu_{ijk})_{m \times p} = (w_1^i, w_2^i, \cdots, w_m^i) \begin{matrix} \mu_{i11} & \mu_{i12} & \cdots & \mu_{i1p} \\ \mu_{i21} & \mu_{i22} & \cdots & \mu_{i2p} \\ \vdots & \vdots & & \vdots \\ \mu_{im1} & \mu_{im2} & \cdots & \mu_{imp} \end{matrix} \tag{5-4}$$

$\boldsymbol{\mu}^i = (\mu_{i1}, \mu_{i2}, \cdots, \mu_{ip})$，$1 \leqslant i \leqslant n$，则 $\boldsymbol{\mu}^i$ 为 x_i 的评价向量。

（5）样本的识别与排序

由于评价等级 $C = \{c_1, c_2, \cdots, c_p\}$ 是有序的，且满足 $c_1 > c_2 > \cdots > c_p$，故采用置信度判别准则。

对置信度 λ（$0 \leqslant \lambda \leqslant 1$），通常取计算 $\lambda = 0.7$：$K_i = \min 1 : \sum_{k=1}^{1} \mu_{ik} \geqslant \lambda$，$1 \leqslant i \leqslant p$（$1 < i < n$），从而可认为评价样本 x_i 属于 c_k 类。

对样本进行排序，首先按如下评分准则计算 q_i，$q_i = \sum_{k=1}^{p} (p + 1 - k)\mu_{ik}$，然后根据 q_i 的大小进行比较排序。

5.1.3　供应链风险系数未确知测度评价模型案例分析

构建的供应链风险系数未确知测度评价模型，对某生产加工企业的供应链的风险等级进行评价、识别。

首先，将表 5-1 中的供应链风险影响因素设计成调查问卷，每个问题项设计成 5 分量表，邀请该供应链中不同成员企业的中、高层管理人员进行打分，共 20 人参加了打分；根据每人打分来确定其风险要素的风险等级水平，然后统计所有 20 人对各风险要素评价等级的分布情况，具体如表 5-2 所示。

表 5-2　供应链风险影响因素水平评价结果统计表

要素	等级				
	低风险 V_1	较低风险 V_2	一般风险 V_3	较高风险 V_4	高风险 V_5
政治风险 I_{11}	2	5	5	3	0
经济风险 I_{12}	0	4	5	6	3
自然灾害 I_{13}	0	3	7	7	0
生产技术风险 I_{21}	3	7	7	2	0
库存技术风险 I_{22}	4	2	7	3	2
运输技术风险 I_{23}	5	5	6	4	1
信息处理技术风险 I_{24}	2	5	8	5	0
市场需求风险 I_{31}	0	5	9	5	1
市场营销风险 I_{32}	4	4	7	3	0
价格变动风险 I_{33}	6	5	9	0	0

要素	等级				
	低风险 V_1	较低风险 V_2	一般风险 V_3	较高风险 V_4	高风险 V_5
决策有限性 I_{41}	2	4	5	7	2
机会主义行为 I_{42}	0	5	6	7	1
质量风险 I_{43}	1	6	7	5	0
协调机制风险 I_{51}	3	4	8	6	0
伙伴能力风险 I_{52}	4	5	7	4	0
利润分配风险 I_{53}	2	3	7	7	2
战略柔性风险 I_{54}	0	4	10	5	0
逆向选择 I_{61}	0	3	9	7	2
道德风险 I_{62}	0	2	9	9	1
牛鞭效应 I_{63}	2	5	5	7	1

在表 5-2 中,"政治风险 I_{11}"在"低风险 V_1"等级上的数字为 2,这表示参加评价的 20 人中,有 2 人认为该供应链中政治风险导致供应链突发事件的可能性较低,即"政治风险 I_{11}"在"低风险 V_1"等级上可能性为 $2/20 = 0.1$,也就是 $\mu_{114} = 0.1$,同理可知:$\mu_{112} = 0.3$,$\mu_{113} = 0.3$,$\mu_{115} = 0.2$,$\mu_{115} = 0.1$。

根据上述思想可得出各一级指标下二级指标的测度矩阵分别为

$$\boldsymbol{\mu}_1 = \begin{pmatrix} I_{11} \\ I_{12} \\ I_{13} \end{pmatrix} = \begin{pmatrix} 0.1 & 0.3 & 0.3 & 0.2 & 0.1 \\ 0 & 0.25 & 0.3 & 0.35 & 0.1 \\ 0 & 0.2 & 0.4 & 0.4 & 0 \end{pmatrix} \tag{5-5}$$

$$\boldsymbol{\mu}_2 = \begin{matrix} I_{21} \\ I_{22} \\ I_{23} \\ I_{24} \end{matrix} = \begin{matrix} 0.2 & 0.3 & 0.4 & 0.1 & 0 \\ 0.15 & 0.4 & 0.3 & 0.05 & 0 \\ 0.2 & 0.25 & 0.35 & 0.2 & 0 \\ 0.1 & 0.2 & 0.4 & 0.2 & 0.1 \end{matrix} \tag{5-6}$$

$$\boldsymbol{\mu}_3 = \begin{pmatrix} I_{31} \\ I_{32} \\ I_{33} \end{pmatrix} = \begin{pmatrix} 0 & 0.2 & 0.5 & 0.2 & 0.1 \\ 0.2 & 0.3 & 0.4 & 0.1 & 0 \\ 0.3 & 0.3 & 0.4 & 0 & 0 \end{pmatrix} \tag{5-7}$$

$$\boldsymbol{\mu}_4 = \begin{vmatrix} I_{41} \\ I_{42} \\ I_{43} \end{vmatrix} = \begin{pmatrix} 0.1 & 0.2 & 0.2 & 0.4 & 0.1 \\ 0 & 0.2 & 0.4 & 0.3 & 0.1 \\ 0.1 & 0.35 & 0.4 & 0.2 & 0 \end{pmatrix} \tag{5-8}$$

$$\boldsymbol{\mu}_5 = \begin{matrix} I_{51} \\ I_{52} \\ I_{53} \\ I_{54} \end{matrix} = \begin{pmatrix} 0.2 & 0.25 & 0.35 & 0.25 & 0 \\ 0.2 & 0.2 & 0.3 & 0.3 & 0 \\ 0.1 & 0.1 & 0.3 & 0.4 & 0.1 \\ 0 & 0.2 & 0.6 & 0.2 & 0 \end{pmatrix} \tag{5-9}$$

$$\boldsymbol{\mu}_6 = \begin{vmatrix} I_{61} \\ I_{62} \\ I_{63} \end{vmatrix} = \begin{pmatrix} 0 & 0.1 & 0.5 & 0.3 & 0.1 \\ 0 & 0.1 & 0.4 & 0.4 & 0.05 \\ 0.1 & 0.2 & 0.2 & 0.4 & 0.1 \end{pmatrix} \tag{5-10}$$

得出上述测度矩阵后,根据公式(5-2)、(5-3)可计算出各二级指标的权重向量分别为

$\boldsymbol{w}^1 = (0.293, 0.33, 0.372)$

$\boldsymbol{w}^2 = (0.267, 0.274, 0.229, 0.229)$

$\boldsymbol{w}^3 = (0.297, 0.335, 0.368)$

$\boldsymbol{w}^4 = (0.312, 0.345, 0.344)$

$\boldsymbol{w}^5 = (0.257, 0.259, 0.216, 269)$

$\boldsymbol{w}^6 = (0.347, 0.356, 0.297)$

有了二级指标的测度矩阵和权重向量后,由公式(5-4)可计算出各评价指标的综合测度向量为

$\boldsymbol{I}_1 = \boldsymbol{w}^1 \times \boldsymbol{\mu}_1 = (0.029, 0.245, 0.336, 0.323, 0.062)$

$\boldsymbol{I}_2 = \boldsymbol{w}^2 \times \boldsymbol{\mu}_2 = (0.163, 0.293, 0..361, 0.125, 0.23)$

$\boldsymbol{I}_3 = \boldsymbol{w}^3 \times \boldsymbol{\mu}_3 = (0.177, 0.270, 0.430, 0.093, 0.030)$

$\boldsymbol{I}_4 = \boldsymbol{w}^4 \times \boldsymbol{\mu}_4 = (0.066, 0.252, 0.338, 0.297, 0.066)$

$\boldsymbol{I}_5 = \boldsymbol{w}^5 \times \boldsymbol{\mu}_5 = (0.125, 0.191, 0.394, 0.298, 0.022)$

$\boldsymbol{I}_6 = \boldsymbol{w}^6 \times \boldsymbol{\mu}_6 = (0.030, 0.130, 0.375, 0.365, 0.082)$

同样,得出各风险类型的权重分别为 $\boldsymbol{W} = (0.08, 0.12, 0.18, 0.21, 0.27, 0.15)$。

所以,最终综合评价为 $\boldsymbol{WI} = (0.22, 0.471, 0.27, 0.04, 0)$。

置信度展现的是参数的真实值有一定概率落在测量结果的周围的程度,是

被测量参数的测量值的可信程度,本书取置信度为 0.6,在该供应链风险评价中,风险越低,突发事件发生的可能性越低,所以置信度识别从后向前推,对风险不高于一般等级,其置信度为 $0.105+0.225+0.377=0.707$,大于 0.6,值得相信。故该供应链发生突发事件的程度较低,置信度为 70.7%。

5.1.4　基本结论

在经过对供应链风险的识别估计以及评价之后,了解了风险的根源、特征性质,就可以有针对性地对不同风险采取不同策略。本书对供应链突发事件程度进行了一个定量化测度模型,该模型通过实例检验具有较好的易操作性和可靠性。

5.2　信任和承诺下的供应链风险模型优化设计

本研究试图将提前期限制纳入多级供应链设计模型,并在同一模型中将长期决策中的设施选址、供应商选择与中期决策的库存配置补货、交货时间相结合。该模型确保每个客户订单相关的报价提前期以及任何一对连续订单之间供应链的不同阶段中不同库存的补货。使用该模型来研究报价提前期和客户订单频率对供应链设计决策和成本的影响。研究结果表明,提前期限制在成本较高的情况下可能导致制造和分销地点靠近需求区,并选择当地供应商。

5.2.1　提出问题

企业能够为客户缩短交货时间(LT)的能力是提高市场竞争力的有力武器。报价提前期(QLT)是指客户下订单时间与订单到期时间之间的间隔。不少专家强调了较短的 QLT 在吸引更多需求方面的作用。然而,客户不仅有兴趣获得更短的 QLT,而且还有供应商重视 QLT 的能力。实际上,无论 QLT 的期限如何,如果供应商重视交货计划,企业可以有效地管理制造计划,它足以提前订购物品。但是,如果供应商并不总是能够在 QLT 内交付产品,那么这可能会导致客户的很多方面受到影响:缺货、制造延迟、高安全库存等。

企业重视 QLT 的能力正在成为竞争成功和生存的关键。企业必须确保每个订单的交货提前期(DLT),通常定义为客户下订单和接收订单之间的经过时间,不得长于 QLT,如果企业在供应链(SC)上没有持有库存,那么 DLT 等于总生产周期时间(这是向客户购买原材料、制造产品和分销产品所需的总时间)。随着总生产周期时间的增加,如果 SC 上没有库存则会导致 DLT 更长。而客户越来越需要更短的 QLT,全球 SC 必须保持相当大的库存水平以缩短 DLT 并满足 LT 约束:$DLT \leqslant QLT$。在这种情况下,库存成本通常会显著增加。吴清一

（2008）指出，在复杂的 SC 中，产品在不同的情况下生产，库存成本占总成本的很大比例。因此本研究提出了以下三个问题：

第一，LT 约束（DLT≤QLT）是否会导致重新思考并重新优化 SC 的库存，或是否会影响 SC 本身的设计？

第二，约束条件下，生产和分销的位置以及供应商的选择是如何影响战略性的 SC 决策。企业选择靠近客户区的生产区以便支持更短的 DLT 还是选择在遥远的低成本国家的生产区以便支持更低的成本？

第三，企业是选择采购 LT 的当地供应商，其长期采购 LT 的高成本还是远程的低成本供应商？

Meixell（2005）强调，由于 SC 中 LT 增加导致的成本权衡，尤其是全球化情况下使 SC 决策更加复杂化。Barnes-Schuster 和 Anupindi（2006）甚至认为，为了减少 LT，公司越来越接近客户越来越普遍。为了研究这些问题，本书因研究需要将 LT 约束集成到 SC 设计模型中，不考虑 LT 无法解决传统 SC 设计模型问题。

5.2.2　研究目标与思路

为了研究 LT 对 SC 设计的影响，在 LT 和库存补货约束下，本书开发了一种基于多级 SC 设计的混合整数规划模型。该模型保证重视与每个客户订单相关联的 QLT 以及在任何一对连续订单之间 SC 的不同阶段中的不同库存的补充。我们假定一个确定性的离散需求过程，它接近企业与企业之间的许多实际情况，并假设不同情况下的库存策略。决策模型包括供应商的选择、生产和分销的位置以及 SC 不同阶段的库存水平。在每种情况下，我们不仅考虑产成品库存，而且还考虑原材料或半成品库存。

Hammami 和 Frein（2014）开发了一种多级 SC 设计模型，同时强制代表性客户订单的 DLT 必须小于或等于该订单的 QLT。作者大致假设是，代表性订单满足 LT 约束，而不满足规划范围内的所有订单，没有明确指定该假设有效的条件。此外，他们只考虑每个节点中的每个产品都有一定级别的库存，而没有指定和模拟库存策略相关的假设。在实际情况下，由于诸如订单频率高、要保留的高库存水平等诸多因素，并不总是能够在两个连续订单之间补充 SC 的不同阶段的库存水平。当顾客下订单时，配送中心的库存水平可能不足，这导致长DLT。该模型没有考虑这种情况，因为它假设配送中心总是有足够的库存。因此，模型解决方案可能不适用于某些实际情况。

本书通过模拟与库存补货相关的 LT 及其与 QLT 的相关性来重新审视

Hammami 和 Frein 的模型。此外,我们整合了在规划范围内按时交付所有订单的条件。与 Hammami 和 Frein(2014)不同,我们还明确地模拟了需求流程和采用的库存策略。我们的建模框架考虑了不同于 Hammami 和 Frein(2014)使用的决策变量和约束。我们的模型比 Hammami 和 Frein 的模型更现实,但也更复杂。

5.2.3　LT 运营管理和 SC 的相关文献

Kapuscinski 和 Tayur(2007)在按订单生产配置下开发了 LT 报价模型,其中不能拒绝需求并且必须遵守 QLT。随机需求在离散时间有限范围内到达,并且必须在 QLT 内满足,同时考虑可用容量。目标是尽量减少总预期成本。Pekgün,Griffin 和 Keskinocak(2008)将该企业的运营模拟为 M/M/1 排队系统,并考虑了线性 LT 和价格相关需求。通过适当的约束,确定最佳 QLT 和价格。Graves 和 Willems(2008)考虑了 SC 在何处放置战略安全库存以最低成本为最终客户提供高水平服务的问题。他们假设每个阶段都采用定期审查基本库存,需求是有限的,并且每个阶段与其客户之间有一个保证的服务时间。Hammami 和 Frein(2014)在具有确定性需求的多级 SC 环境中开发了库存放置模型,其中 QLT 必须得到重视。他们假设有限的制造能力,并考虑制造订单在时间段之间的相互作用。LT 问题也是学者研究的焦点,这些研究涉及战术/运营生产计划(例如:Spitter et al. ,2005)和两级 SC 中的采购/采购管理(例如:Jha & Shanker 2009;Hammami & Frein,2012)。

一些研究还专注于研究 SC 中 LT 的变异性。实际上,虽然需求不确定性是定量 SC 文献中最广泛研究的内容,但管理 LT 变异性产生的不确定性也是至关重要的,特别是在全球化 SC 中,其通常的特点是运输距离长、风险高、需求波动大。

Dolgui 和 Ould Louly(2002)在 LT 不确定性下研究了 MRP 方法的计划 LT 的最优值,目的是最小化预期的积压和持有成本。作者提出了单级、多项、多期 SC 问题,同时假设无限供应能力(LT 不依赖于批量)和不断需求。Simchi-Levi 和 Zhao(2005)研究了具有三种网络结构的单产品多级 SC 中的安全库存问题,其中每个阶段使用固定连续时间的基本库存策略来控制其库存。假设生产周期时间和运输 LT 是随机的、顺序的和外生的。Hnaien,Delorme 和 Dolgui(2010)开发了遗传算法来解决两级装配 SC 中库存控制的多目标优化模型,其中 LT 被假定为随机离散变量。Hammami 和 Frein(2012)为供应商选择开发了一个优化模型,他们专注于低成本供应商的问题。

然而,当 SC 是分析单位时,纳入 LT 变异性的研究相对稀少(Humair et al.,2013;Bandaly,Satir & Shanker,2016)。Bandaly,Satir 和 Shanker 指出,当 LT 是确定性参数时,研究 LT 对 SC 性能的影响显然更为常见。Ben Ammar 等在审查 LT 不确定性下的供应计划和库存控制系统时,得出结论,大多数具有随机 LT 的分析模型假设 SC(一个级别)和一个周期计划的简单结构。对于更复杂的过程,使用多级 SC 和多个周期,分析方法将被基于模拟的方法所取代。

5.2.4 模型框架与假设

我们考虑具有不同潜在外部供应商(S)、潜在制造设施(M)和潜在分销商(R)的多级 SC 网络。我们用 J 表示所有潜在设施的集合($J = M \cup R$)。为了简化模型,我们考虑将单个最终产品交付给单个客户。我们考虑了获得最终产品所需的不同中间产品和原材料(原材料是指从外部供应商处购买的产品,中间产品是指 SC 制造的产品)。所有涉及的产品的集合为 P。我们用 p^f 表示最终产品($p^f \in P$)。

制造企业 $j(j \in M)$ 将一组输入产品(可以是原材料或中间产品)转换成一组输出产品。因此,j 的输入产品从外部供应商获得,并且输出产品被输送到其他制造企业或配送中心。制造企业输出产品 p 所需的输入产品组用 $R(p)$ 表示。标量 $\Phi_{p'p}$ 表示每个输出产品单元 p 需要多少单位的输入 p'。

对 SC 中的梯队数量没有任何限制。上游企业可为不同的下游企业提供给定的产品。但是,我们假设 SC 中的每个下游节点必须为每个给定的输入产品具有唯一的上游节点。显然,如果下游企业有多个输入产品,它可能会有不同的上游企业。

鉴于上述 SC 结构,该模型非常适合制造型企业,例如汽车行业。实际上,制造商通常具有不同的组件和模块组装站点(半成品)。这些站点由不同的外部供应商提供。最终装配站点从企业的其他站点接收模块,并且还从外部供应商处购买一些零件以组装成产品,商品最终运到配送中心。模型还可以代表电子行业中许多企业的运营,这些公司从供应商处购买零件并在运送到分销中心之前将其组装在内部。

5.2.4.1 需求流程

以下为真实业务案例,通过这案例提出与需求流程相关的假设。一家汽车电气线束制造商为中国的一家汽车制造商供货。每个星期五,汽车制造商都会下订单,并向供应商提供在未来 4 周内下达的实际订单以及 8 周内的需求估算。因此,在每周 t 的开始,供应商知道 $t,t+1,t+2$ 和 $t+3$ 的需求,并且可以预见到期间 $t+4,t+5,t+6$ 和 $t+7$ 的需求。此外,供应合同规定订单量不能大于最大值。供应商考虑此最大订单量进行长期生产计划(8 周后)。汽车制造商下的每个订单必须在 1 周内交付。汽车制造商采用准时制,汽车制造商没有电子线束库存。不能在 1 周内交货对供应商而言代价非常高(如果出现延误,将收取高额罚款)。因此,供应商认为他必须满足 1 周的 LT(不允许延期交货)。这种情况代表了汽车行业的一种常见情况。

在本研究中,假设客户订单是在规定范围内定期产生(例如每周一次)。我们用 L' 表示连续订单之间的时间间隔。如果订单每周放置一次,则 $L'=1$ 周。我们将计划范围划分为不同的持续时间段 L',在每个期间的开始处放置一个客户订单。每个客户订单都与订单大小相关联。我们让 d 表示客户下订单的最大限度,规定范围内的总需求由 D 表示。企业为每个订单 Δ 引入 LT,我们假设参数 L',d,Δ 和 D 是已知的。最后注意,计划范围内的总需求将用于战略规划,而与其间相关的需求参数将用于计算 LT 和库存。

5.2.4.2 库存策略

我们考虑基本库存策略。因此,工厂 $j(j\in J)$ 中给定产品 $p(p\in P)$ 的相同库存水平必须在每个周期的开始(当订单下达时)可用。如果我们考虑下面给出的条件(1)和(2),那么我们保证计划范围内的所有订单将按时交付,也就是说,我们保证每个订单的 DLT $\leqslant$ QLT。

条件(1):我们假定与最大尺寸 d 的顺序相关联的 DLT 必须小于或等于 QLT。

条件(2):我们保证每个工厂的每个产品的基础库存水平可以在每一对连续的周期之间,即在 L' 时间段内得到补充。

以上条件将包含在模型中。最后注意每个工厂中每个产品的基本库存水平不是事先确定的,而是由模型决定的。

5.2.4.3 交货时间

正如我们刚刚解释的那样,我们需要确定与大小为 d 的顺序相关的 DLT。为了计算 DLT,我们考虑了整个 SC 的采购,制造和运输的不同 LT。我们使用以下表示法:

t_{qsj}^{proc}:采购 LT(包括运输)任何数量的产品 q 从供应商 s 到工厂 j;

$t_{pjj'}^{trans}$:将任意数量的产品 p 从工厂 j 运输到工厂 j';

t_j^{cust}：将任意数量的最终产品从分销工厂 j 运输到最终客户 LT；

t_{pj}^{man}：在 j 工厂生产产品 p 的 LT。

我们将制造 LT 建模为加工数量的函数,这比文献中许多库存放置模型中假设的固定加工 LT 更现实。为了计算 DLT,我们需要对 SC 控制策略做一些假设。

采购订单在每个周期的开始下达。在给定的时间段内,每个(制造或分销)工厂最多可以向其上游节点发送一份采购订单。

在开始交付流程之前,工厂必须等到下游节点所需的全部产品数量可用后才开始交付。对于提供多个下游节点的工厂,我们假设该工厂同时释放所有下游工厂的需求。然后,根据运输 LT,在每个下游节点接收产品。

在开始生产输出产品之前,制造工厂必须等待所有需要的输入项目数量都可以用。

5.2.4.4　模型决策和 DLT

如图 5-1 所示解释了模型决策如何影响 DLT。实际上,我们有两个潜在的供应商(s_1 和 s_2),两个潜在的制造工厂(m_1 和 m_2),两个潜在的分销工厂(d_1 和 d_2)和一个客户 k。我们考虑 1 个最终产品 p,假设是从购买的商品 q 制造的,例如 $\Phi_{qp}=1$。购买和运输 LT 在网络的不同弧线上方指示。在该说明性示例中,m_1 和 m_2 中的制造 LT 等于每 100 个制造物品的 1 个时间单位。我们取 $d=100$,d 是最大订单大小。

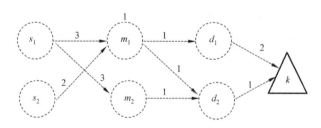

图 5-1　模型决策和 DLT

在下文中,我们讨论 QLT 的不同值的不同情况。

QLT=7。在这种情况下,对于任何可能的 SC 配置和任何订单,总生产周期时间小于 QLT,因此,所有订单都可以按时交货而无须持有库存。

QLT=6。例如,如果选择 s_1,m_2 和 d_2,那么我们不需要持有库存。但是,如果模型选择 s_1,m_1 和 d_1,那么生产周期时间将等于 7。在这种情况下,如果我们没有库存,那么我们将有 DLT>QLT。可能有不同的解决方案,模型可以决定在

m_1 中保持输入项 q 的 100 个单位。一旦收到 p 的订单(其数量不能大于 100),我们就可以在 m_1 中以小于或等于 1 个时间单位制造所需的 p 数量,因为输入产品是可用的。然后,产品通过 d_1 运送给客户,这需要 3 个时间单位。因此,DLT 可以减少到最大值 4,这保证了 SC 可以满足 QLT。

为了确保计划范围内的所有订单都能按时交付,每当下订单时(即每个期间的开头),必须有一个 100 单位的 m 单位库存。在我们提出的方法中,最优库存水平由模型确定,这也确保了每两个连续期间之间的库存补充,以满足所有客户在计划范围内的订单。

QLT=1。在这种情况下,我们必须在 d_2 中保留 100 个库存 p 并从 d_2 交付客户。

显然,对于 QLT 的每个值,存在许多工厂位置或库存水平的可能性。最优解的解决方案在规划周期的 SC 总成本减少到最低限度,同时确保 DLT ≤ QLT 为所有订单。

5.2.5　模型公式

下面根据问题情况构建的数学公式,主要的战略决策变量如下:

y_j^{site}:如果选择工厂 $j(j \in J)$,则等于 1,否则为 0;

y_s^{supp}:如果选择供应商 s,则为 1,否则为 0;

y_{psj}^{proc}:若供应商 s 向工厂 j 提供产品 p,则为 1,否则为 0;

$y_{pjj'}^{trans}$:如果工厂 j' 向工厂 j 提供产品 p,则为 0;

Q_{pj}^{man}:j 工厂规划范围内生产的产品 p 总量;

Q_{psj}^{proc}:j 工厂在规划范围内向供应商 s 采购的产品 p 总数量;

$Q_{pjj'}^{trans}$:j 工厂在规划范围内交付给 j 设施的产品 p 总数量;

Q_j^{cust}:总数量的最终产品由分销中心 $j(j \in \mathbf{R})$ 在规划周期给客户;

H_{pj}:这是每个时期开始时产品 p 在工厂 j 中的库存水平。它还表示规划范围内工厂 j 的产品 p 的平均库存水平。

该模型的目标函数最大限度地降低了计划范围内的总成本,包括设施运营成本、供应商选择成本、采购成本、制造成本、运输成本(设施之间)、交付成本(面向客户)和库存持有成本。不同成本因素的符号:

Q_j:开放/运营设施 j 的固定成本;

F_s:选择/管理供应商的固定成本;

U_{pj}:工厂 j 中产品 p 的单位制造成本;

B_{psj}:来自供应商 s 的设施 j 的单位采购成本;

$T_{pjj'}$:从工厂 j 到工厂 j' 的产品 p 的单位运输成本;

L_j:从现场 j 到最终客户的最终产品的单位交付成本;

I_{pj}:在规划范围内持有工厂 j 中产品 p 的成本。

因此,目标函数下式给出:

$$\min \sum_{j \in J} O_j Y_j^{site} + \sum_{s \in S} F_s Y_s^{supp} + \sum_{s \in S} \sum_{j \in M} \sum_{p \in P} B_{psj} Q_{psj}^{proc} + \sum_{j \in M} \sum_{p \in P} U_{pj} Q_{pj}^{man} +$$
$$\sum_{j \in M} \sum_{j' \in J} \sum_{p \in P} T_{ijj'} Q_{pjj'}^{trans} + \sum_{j \in R} L_j Q_j^{cust} + \sum_{j \in J} \sum_{p \in P} I_{pj} H_{pj} \qquad (5\text{-}11)$$

在本节的其余部分中,我们将介绍模型约束。通过关注与战略决策相关的约束制定 LT 和库存补货约束条件。

5.2.5.1　与 SC 设计相关的约束

我们首先将约束(5-12)中给出的总需求 D 满足计划范围。

$$\sum_{j \in R} Q_j^{cust} = D \qquad (5\text{-}12)$$

约束(5-13)遵守指配送中心的流量守恒条件。实际上,对于每个配送工厂,在计划范围内发送给客户的最终产品数量必须等于从中获取的制造数量。

$$Q_j^{cust} = \sum_{j' \in M} Q_{pf'j}^{trans}, j \in R \qquad (5\text{-}13)$$

对于每个生产工厂 j,规划范围内每个输出产品 p 的总生产量必须等于交付给其他工厂的相同产品的数量。由约束条件(5-14)可知,在规划范围内,制造工厂 j 中输入产品 p 的入站数量为 $\sum_{j' \in P} \phi_{pp'} Q_{p'j}^{man}$。此数量必须从外部供应商处获得,并且或其他制造由约束条件(5-15)中所述的设施工厂。

$$\sum_{j' \in J} Q_{pjj'}^{trans} = Q_{pj}^{man}, j \in M, p \in P \qquad (5\text{-}14)$$

$$\sum_{p' \in P} \phi_{pp'} Q_{p'j}^{man} = \sum_{s \in S} Q_{psj}^{proc} + \sum_{j' \in M} Q_{pj'j}^{trans}, j \in J, p \in P \qquad (5\text{-}15)$$

正如建模框架部分中所解释的,强制规定每个下游节点(包括最终客户)对于每个给定的输入产品,必须有唯一的上游节点。这是由约束(5-16)和(5-17)保证的。

$$\sum_{i \in R} Y_j^{site} \leqslant 1 \qquad (5\text{-}16)$$

$$\sum_{s \in S} Y_{psj}^{proc} + \sum_{i' \in M} Y_{pj'j}^{trans} \leqslant 1, j \in J, p \in P \qquad (5\text{-}17)$$

根据约束条件(5-18),选择供应商(即 $Y^{supp}=1$),前提是当且仅当供应商为一个产品提供至少一个产品时。注意,Ψ 指的是一个足够大的数量。

$$\frac{1}{\Psi}\sum_{j\in M}\sum_{p\in P}Q_{psj}^{proc}\leqslant Y_s^{supp}\leqslant\sum_{j\in M}\sum_{p\in P}Q_{psi}^{proc},s\in S\qquad(5\text{-}18)$$

根据约束条件(5-19),当且仅当其具有输出时,选择制造工厂 j(即 $Y_j^{site}=1$)推向其他工厂。在约束条件(5-20)中,我们假定当且仅当一个分布设施 j 被选择时向最终客户发货。

$$\frac{1}{\Psi}\sum_{j'\in M}\sum_{p\in P}Q_{pjj'}^{trans}\leqslant Y_j^{site}\leqslant\sum_{j'\in J}\sum_{p\in P}Q_{pjj'}^{trans},j\in M\qquad(5\text{-}19)$$

$$\frac{1}{\Psi}Q_j^{cust}\leqslant Y_j^{site}\leqslant Q_j^{cust},j\in\mathbf{R}\qquad(5\text{-}20)$$

最后,变量 Y_{psj}^{proc} 和 $Y_{pjj'}^{trans}$ 分别由约束条件(5-21)和(5-22)确定。

$$\frac{1}{\Psi}Q_{psj}^{proc}\leqslant Y_{psj}^{proc}\leqslant Q_{psj}^{proc},j\in J,s\in S,p\in P\qquad(5\text{-}21)$$

$$\frac{1}{\Psi}Q_{pj'j}^{trans}\leqslant Y_{pj'j}^{trans}\leqslant Q_{pj'j}^{trans},j\in J,j'\in M,p\in P\qquad(5\text{-}22)$$

5.2.5.2 LT 和库存补充相关的约束

如前所述,为了保证所有客户订单都能在 QLT 内交付,规定与最大规模 d 订单相关的 DLT 必须小于或等于 QLT,并确保基本库存每个工厂 j 中的每个产品 p 的水平(即 H_{pj})可以在每个连续的一期之间补充。因此,我们首先需要确定生成的不同需求(对于所有工厂中的所有产品)当给定产品 p 和工厂 j 时,存在大小为 d 的客户订单,库存中有 H_{pj} 单位。下面介绍以下变量:

x_{pj}^*:净输出需求产品在制造工厂 p 触发 $j(j\in M)$ 的下游需求(这个量必须在 j 生产);

z_{qj}^*:净输入需求产品在工厂触发 $j(j\in J)$ 输出产品的净需求的 j(输入产品=输出产品=最终产品);

$\overline{z}_{qj'j}$:工厂 j 从工厂 j' 订购的输入产品数量 q,以填补 j 中 q 的总需求;

$\overline{v}_{qsj}$:工厂 j 从外部供应商订购的输入产品数量 q,以满足 j 中 q 的总需求。

每个时期内上游企业的下游企业只能下一个订单,这意味着企业 j 不会仅订购净需求 z_{qj}^*,而且还会订购用于制造输出产品的 q 数量,以及补充 j 中 q 的库存所需的数量。还要注意,由于我们假设每个下游企业对于每个给定产品只有一个上游企业,如果 j' 是 j 相对于 q 的上游工厂,我们必须具有 $\overline{z}_{qj'j}\geqslant z_{qj}^*$。

现在引入用于表示 SC 上不同 LT 组件的符号。

λ：LT 要求交付最终产品的数量 d 最终客户（λ 是 DLT 对应于最大订单大小）；

δ_{pj}^{out}：在企业 $j(j \in M)$ 中制造输出产品 p 的净需求 x_{pj}^* 所需的 LT；

δ_{pj}^{in}：工厂 j 中可用的输入产品 q 的净需求 z_{qj}^* 所需的 LT$(j \in J)$；

φ_{pj}^{in}：LT 需要在工厂 $j(j \in J)$ 中接收输入产品的总订购数量 q。如果工厂 j' 是上游节点，则要求该数量由 $\overline{z_{qj'j}}$ 给出。

注意，如果 $\varphi_{pj}^{in} \geq \delta_{pj}^{in}$，这意味着，该工厂 j 订购产品 q 只是为了补充库存水平。否则，$\varphi_{pj}^{in} = \delta_{pj}^{in}$。

举一个说明性的例子。我们考虑一个简单的情况，一个 SC 案例，其中包括 1 个供应商，1 个制造工厂 m，1 个配送设施 d 和 1 个客户 k，如图 5-2 所示。有 2 种产品：q（原材料）和 p（最终产品）。我们假设 $\Phi_{qp} = 1$。工厂 m 中产品 p 的单位制造时间是 $t_{pm}^{man} = 0.01$（以天计），采购 LT：$t_{qsm}^{proc} = 3$，运输 LT：st_{pmd}^{trans} 和 t_d^{cust} 分别等于 2 和 1。我们认为 $d = 100$。

图 5-2　说明性案例

表 5-3 中给出的一些场景基本库存水平（H_{qm}，H_{pm} 和 H_{pd}）认为在不同的工厂，我们推断出的值 z_{pd}^*，z_{pmd}，x_{pm}^*，z_{qm}^* 和 v_{qsm} 为每个场景。然后我们计算 δ_{pm}^{out}，δ_{pd}^{in}，φ_{pd}^{in}，λ，δ_{qm}^{in} 和 φ_{qm}^{in}。

表 5-3　LT 变量和计算的值

H_{qm}	H_{pm}	H_{pd}	z_{pd}^*	z_{pmd}	x_{pm}^*	z_{qm}^*	v_{qsm}	δ_{pm}^{out}	δ_{pd}^{in}	φ_{pd}^{in}	λ	δ_{qm}^{in}	φ_{qm}^{in}
0	0	0	100	100	100	100	100	4	6	6	7	3	3
100	0	0	100	100	100	0	100	1	3	3	4	0	3
0	100	0	100	100	0	0	100	0	2	2	3	0	3
0	0	100	0	100	100	100	100	4	0	6	1	3	3
60	40	0	100	100	60	0	100	0.6	2.6	2.6	3.6	0	3
20	40	0	100	100	60	40	100	3.6	5.6	5.6	6.6	0	3
80	20	50	50	100	80	0	100	0.8	2.8	2.8	3.8	0	3

例如，对于最后一行，$H_{pd} = 50$，给定 $z_{pd}^* = d - H_{pd} = 50$，但是，$z_{pmd} = 100$，因为分

销工厂 d 将从制造工厂 m 订购 100 个 p (满足净需求 50 个单位和补充库存 50 个单位)。在节点 m 中, $H_{pm}=20$,给出 $x_{pm}^* = z_{pmd} - H_{pm} = 80$ 。注意,节点 m 不仅仅生产 80 个单位的净需求,而且还有 20 个单位用于补充 p 的库存。节点 m 的输入产品 q 的净需求,由于 $H_{qm}=80$,因此,节点 m 将从供应商 s 订购 100 个 q ($v_{qsm}=100$)。实际上,20 个单位的 q 将用于制造 20 个单位的产出 p (为了补充以 m 为单位的 p 的存量),80 个单位将用于补充 m 的存量。

关于 LT,在收到客户订单 d 后,配送节点 d 将从制造商订购 100 个单位,为了满足下游需求,节点 m 的制造净需求 $x_{pm}^*=80$ 个单位。因此, $\delta_{pm}^{out} = t_{pm}^{man} \times x_{pm}^* = 0.8$ 天。另外还给出了 $z_{pd}^*>0$, $\delta_{pd}^{in} = \varphi_{pd}^{in} = \delta_{pm}^{out} + t_{pmd}^{trans} = 2.8$ 天。DLT 中, $\lambda = \delta_{pd}^{in} + t_d^{cust} = 3.8$ 天。

因此,客户的订单可以在 3.8 天内交付。输入产品的需求 $z_{pm}^*=0$,给出 $\delta_{qm}^{in}=0$ 。但是,节点 m 将从供应商 s 订购 $v_{qsm}=100$ 个单位以补充库存,然而, $\varphi_{qm}^{in} = t_{qsm}^{proc} = 3$ 天,必须保证在 L' 期间补货。因此, δ_{pd}^{in} 和 φ_{pd}^{in} 必须均小于 L' 。在上面的例子中,我们计算了给定 SC 配置和给定库存水平的 LT。重要的是要强调 SC 配置和基本库存水平也由模型决定,而不是事先给出。

5.2.5.3 由大小为 d 的订单触发的要求和产品流程

现在,制定用于定义上面引入的变量的约束,即 x_{pj}^* , z_{qj}^* , $z_{qj'j}^*$ 和 v_{qsj} 。这些变量表示由给定大小为 d 的客户订单在给定时间段内触发的产品的需求和流量。最终产品仅从一个配送节点交付给客户。如果分配节点 j 是选择(即 $Y_j^{site}=1$)和 $H_{pfj}<d$ 则 j 中最终产品的净需求为 $z_{pfj}^* = d - H_{pfj}$ 。否则 $z_{pfj}^*=0$ 。因此, z_{pfj}^* 由约束条件(5-23)定义。

$$z_{pfj}^* = \max\left\{ \overline{d}Y_j^{site} - H_{fj}, 0 \right\}, j \in \mathbf{R} \tag{5-23}$$

每个下游节点对于每个给定的输入产品只有一个上游节点,但该上游节点并不预先知道。因此, p^f 命令的数量分布节点 j 从上游节点是由 $\sum_{j' \in M} \overline{z}_{pfj'j}$ 赋予。如前所述,节点 j 有 H_{pfj} 的库存,在期末必须有相同的库存水平。因此,订单量 $\sum_{j' \in M} \overline{z}_{pfj'j}$ 等于约束条件(5-24)施加的。

$$\sum_{j' \in M} \overline{z}_{pfj'j} = \overline{d}Y_j^{site} \tag{5-24}$$

关于输出产品 p 的制造节点 j 的总需求由 $\sum_{j' \in J} \overline{z}_{pjj'}$ 给出。如果 $\sum_{j' \in J} \overline{z}_{pjj'} > H_{pj}$,那么净需求 $x_{pj}^* = \sum_{j' \in J} \overline{z}_{pjj'} - H_{pj}$ 。否则, $x_{pj}^*=0$ 。这由约束条件(5-25)保证。请注

意,给定制造工厂的输出产品事先不知道,但由模型确定。如果 p 不是 j 的输出乘积,则可以检查约束条件(5-25)是否仍然有效。

$$x_{pj}^* = \max \left(\sum_{j' \in J} \bar{z}_{pjj'} - H_{pj}, 0 \right) \quad ,j \in M, p \in P \tag{5-25}$$

制造工厂 j 中输入产品 q 的净需求 z_{qj}^* 仅由 j 中的输出产品的净需求而不是库存补充触发。制造节点 j 中的输出产品 p 的净需求是 x_{pj}^*。因此,j 中输入乘积 q 的总需求是 $\sum_{p \in P} \Phi_{qp} x_{pj}^*$,如果是 $\sum_{p \in P} \Phi_{qp} x_{pj}^* > H_{qj}$,那么 $z_{qj}^* = \sum_{p \in P} \Phi_{qp} x_{pj}^* - H_{qj}$。否则,$z_{qj}^* = 0$。因此,在模型中包含约束条件(5-26)。

$$z_{qj}^* = \max \left(\sum_{p \in P} \Phi_{qp} x_{pj}^* - H_{qj}, 0 \right) \quad ,j \in M, q \in P \tag{5-26}$$

制造节点可以由外部供应商或其他节点提供。因此,制造节点 j 订购的输入产品 q 的数量是 $\sum_{s \in S} \bar{v}_{qsi} + \sum_{j' \in M} \bar{z}_{qj'j}$。如果必须在两个连续的期间之间补充 j 中的 q 的存量,我们推断出节点 j 将订购在此期间使用的 q 的数量等于 $\sum_{p \in P} \Phi_{qp}^* \sum_{j' \in J} \bar{z}_{pjj'}$。因此,在模型中加入约束条件(5-27)。

$$\sum_{s \in S} \bar{v}_{qsj} + \sum_{j' \in M} \bar{z}_{qj'j} = \sum_{p \in P} \Phi_{qp} \sum_{j' \in J} \bar{z}_{pjj'} \quad ,j \in M, q \in P \tag{5-27}$$

最终需要包含变量 $\bar{z}_{pj'j}$ 和 $\bar{v}_{qsj}$ 必须满足的逻辑约束,以保证它们与 $Q_{pjj'}^{trans}$ 和 Q_{psj}^{proc} 的战略决策一致。在规划范围 $Q_{pjj'}^{trans} = 0$ 时 p 的总传输量从 j' 到 j,则我们不能具有从节点 j' 到 j(即 $\bar{z}_{pj'j} > 0$)的产品 p。因此,我们必须使 $\bar{z}_{pj'j} \le Q_{pjj'}^{trans}$ 由约束条件(5-28)强加。类似地,约束条件(5-29)强制 $\bar{v}_{qsj}$ 必须小于 Q_{qsj}^{proc}。

$$\bar{z}_{pj'j} \le Q_{pj'j}^{trans} \quad ,p \in P, j' \in M, j \in J \tag{5-28}$$

$$\bar{v}_{qsj} \le Q_{qsj}^{proc} \quad ,q \in P, s \in S, j \in M \tag{5-29}$$

5.2.5.4　交货时间与库存补充

首先制定约束条件(5-30)、(5-31)和(5-32),以确保 QLT 并补充库存水平。然后,制定了与变量 λ,δ_{qj}^{in},δ_{pj}^{out} 和 φ_{qj}^{in} 相关的约束。约束条件(5-30)规定,向客户交付最终产品数量 d 所需的 LT 必须小于或等于 QLT,Δ。如前所述,这可以保证所有订单都能按时交付。

$$\lambda \le \Delta \tag{5-30}$$

库存补充条件保证每个节点中每种产品的基本库存水平可以在每个期间结束之前补充。必须区分分销和制造节点的情况。实际上,只有最终产品由分销节点管理,因此,只向模型添加约束条件(5-31)。

$$\varphi_{pfj}^{in} \leq L, j \in \mathbf{R} \tag{5-31}$$

对于生产节点,我们必须考虑投入和产出产品的库存补充。这由约束条件(5-32)保证,其中 t_{pj}^{man} 为设备 j 中产品 p 的单位制造时间,A_{pj} 为一个新的二元变量,当且仅当 p 是 j 的输出产品(即 $A_{pj}=1$,$Q_{pj}^{man}>0$)。

$$\varphi_{qj}^{in} \leq L - t_{qj}^{man}(x_{pj}^* + H_{pj}A_{pj}), j \in M, p \in P, q \in R(p) \tag{5-32}$$

如果 q 是节点 j 的输入产品,则:

(1)如果 p 不是 j 的输出产品(即 $x_{pj}^* + H_{pj}A_{pj}=0$),则约束条件(5-32)变为 $\varphi_{qj}^{in} \leq L'$,这意味着 j 的输入产品必须在期末之前从上游节点接收。

(2)如果 p 是一个输出产品的 j(即 $A_{pj}=1$),那么约束条件(5-32)实施,项目的数量订购之前必须获得 $L-t_{pj}^{man}(x_{pj}^* + H_{pj})$,为了能够生产的数量 $(x_{pj}^* + H_{pj})$ 输出产品 p 在周期结束之前,数量 $(x_{pj}^* + H_{pj})$ 必须在 j 中生产,以满足下游需求并补充 p 的库存。

如果 q 不是节点 j 的输入产品(在这种情况下,我们有 $\varphi_{qj}^{in}=0$,强制约束条件(5-35)),然后:

(1)如果 p 不是 j 的输出产品,则约束条件(5-32)不起作用。

(2)如果 p 是 j 的输出产品,那么约束条件(5-32)会导致 $t_{pj}^{man}(x_{pj}^* + H_{pj}A_{pj}) \leq L$,这意味着 LT 需要制造净需求 x_{pj}^* 并补充 j 中输出产品 p 的基本库存水平 H_{pj} 必须小于 L'。

现在,我们转向建模约束,相对于 LT 变量 $\lambda, \delta_{qj}^{in}, \delta_{pj}^{out}$ 和 φ_{qj}^{in} 的定义。

5.2.5.5 λ 的计算

如果分销节点 j 向客户提供最终产品(即 $Y_j^{site}=1$),则 DLT 从 j 到客户的订单 $\bar{d}$ 等于 $\delta_{p^fj}^{in}+t_j^{cust}$,其中 t_j^{cust} 是从节点 j 到客户的最终产品的运输 LT,假定选定的分销节点事先不知道。制约因素(5-33)决定 λ 值。

$$\lambda = \sum_{j \in \mathbf{R}} \delta_{p^fj}^{in} + t_j^{cust} \quad Y_j^{site} \tag{5-33}$$

5.2.5.6 计算分销节点的 φ_{pfj}^{in}

如果制造工厂 j' 提供分销节点 j 最终产品 p^f(即 $Y_{p^fj'}^{tans}=1$),然后,在节点 j 中接收 p^f 顺序所需的 LT 是 $\delta_{p^fj'}^{out}+t_{p^fj'j}^{trans}$。配送节点 j 的上游节点是未知的。因此,计算 φ_{pfj}^{in} 给定的约束条件(5-34)。注意,当 $q=p^f$,$\varphi_{p^fj}^{in}=\varphi_{qj}^{in}$。

$$\varphi_{p^fj}^{in} = \sum_{j' \in M} \delta_{p^fj'}^{out} + t_{p^fj'j}^{trans} \quad Y_{p^fj'j}^{trans}, j \in \mathbf{R} \tag{5-34}$$

5.2.5.7　计算制造工厂的 φ_{qj}^{in}

制造工厂可以从外部供应商或其他制造工厂接收给定的输入产品。制造厂 j 的 LT 需要收到从供应商订购产品的 q。j 从制造厂 j' 接收产品所需的 LT 是 $(\delta_{qj'}^{out}+t_{qj'j}^{trans})Y_{qj'j}^{trans}$。因此，LT φ_{qj}^{in} 由约束条件(5-35)计算。

$$\varphi_{qj}^{in}=\max\{t_{qsj}^{proc}Y_{qsj}^{proc},(\delta_{qj'}^{out}+t_{qj'j}^{trans})Y_{qj'j}^{trans},s\in S,j'\in M\},j\in M,q\in P \quad (5\text{-}35)$$

5.2.5.8　制造和分销节点的计算

如果节点 j 中输入产品 q 的净需求 z_{qj}^* 不为零，则接收该净需求所需的 LT δ_{qj}^{in} 等于接收所需的 LT 总有序量(即 $\delta_{qj}^{in}=\varphi_{qj}^{in}$)。实际上，假设每个产品和每个期间指定节点下一个订单。否则 $\delta_{qj}^{in}=0$。因此，通过约束条件(5-36)获得 LT δ_{qj}^{in}，其中 a_{qj}^* 是二进制变量，如果 $z_{qi}^*>0$，则二进制变量等于 1。

$$\delta_{qj}^{in}=\varphi_{qj}^{in}a_{qj}^*,j\in J,q\in P \quad (5\text{-}36)$$

5.2.5.9　计算制造节点的 δ_{pj}^{out}

为了获得制造节点 j 中输出产品 p 的净需求 x_{pj}^*，首先需要填写所有输入产品的净需求，这需要 LT $\max\ \delta_{qj}^{in}b_{pj}^*,q\in R(p)$，其中 b_{pj}^* 是一个二进制变量，如果 $x_{pj}^*>0$，二进制变量等于 1。然后，我们需要制造净需求 x_{pj}^*，这需要 LT $t_{pj}^{man}x_{pj}^*$。因此，δ_{pj}^{out} 由约束条件(5-37)给出。

$$\delta_{pj}^{out}=t_{pj}^{man}x_{pj}^*+\max\ \delta_{qj}^{in}b_{pj}^*,q\in R(p)\quad,j\in M,p\in P \quad (5\text{-}37)$$

最后，在变量的域上添加约束。

$$Y_j^{site},Y_s^{supp},Y_{psj}^{proc},Y_{pjj'}^{trans},a_{pj}^*,b_{pj}^*,A_{pj}\in\{0,1\}\ \text{for all relevant}\ j,j',s,p \quad (5\text{-}38)$$

$$Q_{pj}^{man},Q_{psj}^{proc},Q_{pjj'}^{trans},Q_j^{cust},H_{pj},\bar{z}_{pjj'},x_{pj}^*,z_{pj}^*,\bar{v}_{psj},\delta_{pj}^{out},\delta_{pj}^{in},\varphi_{pj}^{in}\in IR^+\ \text{for all relevant}\ j,j',s,p$$
$$(5\text{-}39)$$

5.2.6　实验设计与分析研究

我们的实验旨在了解 LT 约束对 SC 设计决策和总成本的影响。我们使用 IBM WebSphere ILOG CPLEX 软件解决模型。为了进行实验，我们使用东风悦达起亚汽车有限公司提供的实际案例研究，同时为了研究标本具有代表性，作了一些调整。本案例研究涉及电气线束制造商(汽车行业)面临的 SC 设计问题。最终产品是汽车驾驶舱线束，由不同的电线、电子元件和塑料部件组成。在总体水平上，考虑了 11 种购买的产品和 7 种中间产品。因此，产品总数为 19 (包括最终产品)。有 4 个潜在的生产基地：华北原产地和华南、华中、华东三个低成本地点。我们还考虑了一个潜在分销点，总共提供了四个潜在的分销节点。客户位于中国市场。这组潜在供应商可分为华东供应商、华南供应商和华中供应商。供应商总数是10,规划期内的总需求量为10 000个单位。

5.2.6.1 LT约束对SC决策的影响

对于周期持续时间L'和最大订单大小$\bar{d}$的不同值,我们改变QLT,Δ的值,并检查模型每种情况下的最佳解决方案,为了获得可比较的结果,$\bar{d}$和L'值的变化是成比例的。

例如,如果对于$L'=4$,我们已经得出$\bar{d}=1\,000$,那么对于$L'=8$,我们必须得到$\bar{d}=2\,000$。另请注意,$1/L'$表示客户订单频率。

我们分别在表5-4~表5-7中描述了在以下情况下增加Δ值的最佳SC配置,情景:$\bar{d}=1\,000$和$L'=4$,$\bar{d}=1\,500$和$L'=6$,$\bar{d}=2\,000$和$L'=8$,并且$\bar{d}=3\,000$和$L'=12$。时间单元是1周。

表5-4　$\bar{d}=1\,000$和$L'=4$的解

Δ	制造节点	分销节点	供应商
0.2	华北	华中	s2,s4,s6,s7,s9
0.6	华南	华南	s2,s4,s6,s7,s9
1	华北	华南	s2,s4,s6,s7,s9
1.4	华北	华北	s2,s4,s6,s7,s9
1.8	华北	华北	s2,s4,s6,s7,s9
2.2	华北	华北	s2,s4,s6,s7,s9
2.6	华北	华北	s2,s4,s6,s7,s9
3	华北	华北	s2,s4,s6,s7,s9
3.4	华北	华北	s2,s4,s6,s7,s9
3.8	华北	华北	s2,s4,s6,s7,s9
4.2	华北	华北	s2,s4,s6,s7,s9
4.6	华北	华北	s2,s4,s6,s7,s9
5	华北	华北	s2,s4,s6,s7,s9

表5-5　$\bar{d}=1\,500$和$L'=6$的解

Δ	制造节点	分销节点	供应商
0.2	华北	华中	s2,s5,s6,s7,s9,s10
0.6	华南	华南	s3,s5,s6,s7,s9,s10

续表 5-5

Δ	制造节点	分销节点	供应商
1	华北	华北	$s2,s4,s6,s7,s9,s10$
1.4	华北	华北	$s2,s5,s6,s7,s9,s10$
1.8	华北	华北	$s2,s5,s6,s7,s9,s10$
2.2	华北	华北	$s2,s5,s6,s7,s9,s10$
2.6	华北	华北	$s2,s5,s6,s7,s9,s10$
3	华北	华北	$s2,s5,s6,s7,s9,s10$
3.4	华北	华北	$s2,s5,s6,s7,s9,s10$
3.8	华北	华北	$s2,s5,s6,s7,s9,s10$
4.2	华北	华北	$s2,s5,s6,s7,s9,s10$
4.6	华北	华北	$s2,s5,s6,s7,s9,s10$
5	华北	华北	$s2,s5,s6,s7,s9,s10$

表 5-6　$\bar{d}=2\,000$ 和 $L'=8$ 的解

Δ	制造节点	分销节点	供应商
0.2	华东	华中	$s2,s5,s6,s7,s9,s10$
0.6	华南	华南	$s3,s5,s6,s7,s9,s10$
1	华北	华南	$s2,s4,s6,s7,s9,s10$
1.4	华北	华北	$s2,s5,s6,s7,s9,s10$
1.8	华北	华北	$s2,s5,s6,s7,s9,s10$
2.2	华北	华北	$s2,s5,s6,s7,s9,s10$
2.6	华北	华北	$s2,s5,s6,s7,s9,s10$
3	华北	华北	$s2,s5,s6,s7,s9,s10$
3.4	华北	华北	$s2,s5,s6,s7,s9,s10$
3.8	华北	华北	$s2,s5,s6,s7,s9,s10$
4.2	华北	华北	$s2,s5,s6,s7,s9,s10$
4.6	华东	华东	$s2,s5,s6,s7,s9,s10$
5	华东	华东	$s2,s5,s6,s7,s9,s10$

表 5-7 $\bar{d}=3\,000$ 和 $L'=12$ 的解

Δ	制造节点	分销节点	供应商
0. 2	华中	华中	s3,s5,s6,s8,s10
0. 6	华南	华南	s3,s5,s6,s8,s10
1	华北	华北	s2,s5,s6,s8,s10
1. 4	华北	华北	s2,s5,s6,s8,s10
1. 8	华北	华北	s2,s5,s6,s8,s10
2. 2	华北	华北	s2,s5,s6,s8,s10
2. 6	华北	华北	s2,s5,s6,s8,s10
3	华北	华北	s2,s5,s6,s8,s10
3. 4	华北	华北	s2,s5,s6,s8,s10
3. 8	华北	华北	s2,s5,s6,s8,s10
4. 2	华东	华东	s3,s5,s6,s8,s10
4. 6	华东	华东	s3,s5,s6,s8,s10
5	华东	华东	s3,s5,s6,s8,s10

(1)为了显示包含 LT 在 SC 设计模型中的相关性,首先解决了模型的简化,其中删除了与 LT 和库存补货相关的约束(即只保留约束条件(5-12)~(5-22)处理 SC 的常见配置。在这种情况下,获得的最佳解决方案是获得江苏制造和分销节点,并选择供应商 s3,s5,s6,s8 和 s10。将该解决方案与使用的基本模型(表 5-4~表 5-7 中提供的解决方案)获得的解决方案进行比较,表明 LT 约束影响 SC 配置。在 LT 限制下,江苏制造和分销节点以及供应商 s3,s5,s6,s8 和 s10 的选择仅在 $L'=12$ 且 $\Delta\geqslant4.2$ 的情况下是最佳的(如表 5-7 所示)。在所有其他情况下,选择不同的 SC 配置。

(2)最佳 SC 设计决策不仅对 QLT 敏感,而且对客户订单频率也敏感。例如,我们可以看到,对于相同的 $\Delta=0.2$,模型选择不同的制造节点 $L'=6,L'=8$ 和 $L'=12$。此外,对于相同的 $\Delta=4.6$,模型选择相同的节点但 $L'=6$ 和 $L'=8$ 的供应商。

(3)尽管如此,虽然设计分散型的低成本 SC 是可行的,但缩短 QLT 总是导致更局部的 SC。例如,在表 5-4 中 $L'=4$ 且 $\Delta=1$ 的情况下,该模型选择北京制造和分销节点,而不是选择其他可行的替代方案,例如从安徽制造和分销或在江苏制造和从北京分销。在这种情况下,补充库存的成本与北京地区相比不那么重要,这就解释了为什么该模型规定了这一决定。

(4)从 0.25 到 5 的整体价值,可以选择低成本的江苏制造地点并采用适当的配送节点以确保 QLT。例如,我们可以看到模型在 $L'=8$ 和 $\Delta=0.2$ 的情况下规定了该解决方案(表 5-5)。然而,尽管成本最低,但很少选择江苏制造基地。还可以观察到,当 QLT 变得更紧密时,所选择的分配节点变得更接近需求区。在我们的所有实验中都观察到了这一预期结果。

5.2.7　LT 约束对总成本的影响

我们在图 5-3 中表示对于不同的 L' 值,总成本的变化作为函数($\bar{d}$ 的值根据前面解释的 L' 的值来调整)。

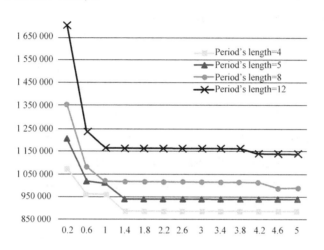

图 5-3　总成本的 QLT Δ 函数

根据图 5-3,推导出以下内容:

(1)当 QLT 非常紧(即 Δ 小)时,随着 Δ 的增加可导致总成本的显著降低。例如,当 Δ 从 0.2 增加到 0.6 时,可以观察到这种情况。因此,在这种情况下,企业可以通过引用稍长的 LT 来获得成本节约,这不太可能影响客户行为并且可以产生更高的利润。

(2)在某些情况下,不需要将 QLT 增加到一定水平以上,因为这不会产生任何成本节省。例如,在 $L'=4$ 且 $L'=6$ 的情况下,如果 Δ 增加到 1.4 以上,则总成本不会降低。这一结果与东风悦达起亚汽车有限公司的研究结果相反。实际上,随着 QLT 值的增加,总成本总是在不断下降。然而,在模型中,与库存补货相关的现实约束可以消除较长 QLT 对降低总成本的影响。

(3)总 SC 成本不仅对 QLT 敏感,而且对订单频率敏感。通过选择适当的订购频率,可以获得具有更长 QLT 的更小成本。例如,在实验中,引用 $\Delta=0.6$,

$L'=4$ 比引用 $\Delta=1$，$L'=6$ 或 $\Delta=5$，$L'=8$ 成本更低。公司应该找到 QLT 和订单的最佳组合频率最低的成本。

在模型中考虑库存补充条件，影响了相关客户订单频率。回顾一下，L' 表示两个连续订单之间的持续时间，这意味着 $1/L'$ 是客户订单频率。对于不同的 Δ 值，在图 5-4 中最优成本的变化作为 L' 的函数。对图 5-4 进行分析得出：

（1）与预期不同，实验表明，对于相同的 QLT，有序频率的降低（即 L' 的增加）导致成本增加。结果表明，如果客户为较小数量的订单发出更频繁的订单，那么对公司来说可能会更好。

（2）当客户订单频率非常高时（此处，$L'=2$），QLT 不太可能影响 SC 总成本。实际上，除了 $\Delta=0.2$ 的情况，由于必须选择北京市场成本相对较高，可以看出其他值的成本没有差别。实际上，该模型不能完全利用较长的 QLT，因为它限制在短期内补充不同的库存。这解释了为什么在 $\Delta=1$，$\Delta=4.2$ 和 $\Delta=5$ 的情况下获得相同的总成本。

（3）对于低频订单（此处，$L'=12$），$\Delta=1$，$\Delta=4.2$ 和 $\Delta=5$ 的情况下总成本的差异不如预期高，这意味着 QLT 的影响不大。实际上，当连续订单之间的时间相对较长时，无论 QLT 的值如何，SC 都需要较少的中间库存。

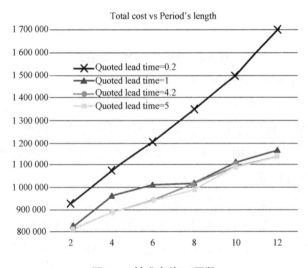

图 5-4　总成本的 L' 函数

5.2.8　基本结论

本研究开发了一种多级 SC 设计模型，确保与每个客户订单相关联的 QLT 得到实现，同时明确地模拟 SC 的不同阶段中连续订单之间的原材料、中间产品和最终产品的不同库存的补充。该模型的主要决策是：制造和分销节点的位置，供应商选择以及采购，中间和最终产品的库存定位。

使用该模型来研究 QLT 和客户订单频率对 SC 设计决策和成本的影响。通过实验证明 LT 影响了 SC 的最优配置，特别是关于节点位置和供应商选择的战略决策。讨论了 LT 如何在远处的低成本工厂和当地昂贵的节点之间进行权衡。例如，我们发现在许多情况下，LT 限制并导致制造和分销地点靠近需求区，并选择本地供应商，尽管成本较高。实际上，选择这样的本地 SC 配置所产生的额外成本被库存成本降低而获得的收益所抵消，因为当 SC 不在地理上分散时，需要更少的库存来满足 QLT 并补充不同的库存。

本书解释了决策者如何使用结果向客户报出最佳 LT 并协商订单频率。例如，考虑其他库存策略（例如再订货点策略）以及将模型行为与不同库存策略进行比较将会更有意义。SC 通常受到不同类型的不确定性的影响，特别是在需求和 LT 方面。需求或 LT 波动可能影响生产计划。出于这个原因，根据客户订单的最大可能计算 LT，这是减轻 SC 中此类风险的一种方式。然而，重要的是要研究需求和 LT 的可变性，并了解它们对模型决策的影响。

第6章　信任与承诺下供应链与信息共享关系研究

供应链管理实践已经成为国际许多著名大企业造就竞争优势的法宝,如Wall-Mart、P&G、HP等通过供应链管理实践取得了巨大的成功。供应链信息共享是实现供应链管理的基础,不少企业通过信息共享来提高企业竞争力和供应链绩效。例如,Dell公司的在线信息共享就是一个成功的案例,Dell不仅提供客户在线购买,而且允许其零部件供应商获得客户订单的详细信息,从而更好地实现其平衡物流、提供优质客户服务的目的。Benetton服装公司在信息共享方面也取得了成功,Benetton公司利用互联网从世界各地的销售代理商处获得订单、库存和销售信息,并利用信息平台与供应商和代理商进行协调,从而降低周转时间,提供更好的客户服务,降低成本,并以此减少因服装过时造成的损失。

供应链信息共享的问题开始得到国内外理论界的普遍关注,主要集中在供应链信息共享的运作模式、信息共享的激励机制和契约设计等方面。信息共享不仅能够减小牛鞭效应和供应链的信息失真,降低供应链的信息风险,提高供应链运营绩效。同时,信息共享可以协调节点企业的关系,有效地减少企业合作中的冲突,促进成员企业间互信关系的形成,发挥整条供应链的竞争优势。可见,信息在市场竞争中起到关键作用,谁能掌握更多的有利信息,谁就能够在竞争中处于优势地位。因此,研究供应链信息共享问题在供应链管理理论研究和实践中都具有重要意义。

供应链信息共享取得了实务界和理论界的一致认可,但现状是供应链各节点企业之间缺乏有效的信息沟通导致供应或需求预测不准确,严重削弱了供应链企业及时发货、有效运用资金及合理管理库存的能力,尤其是在处于经济转型时期的低信任度社会。在我国,绝大多数制造企业的供应链管理水平还处于比较传统的、原始的初级阶段,企业内各部门功能独立且缺乏沟通和协调,企业之间缺乏充分的信息共享和有效的协调机制,国内企业很难适应经济全球化竞争的需要。随着我国加入WTO,这种形势显得更为紧迫。

事实上,我国多数供应链企业间尚未实现真正的信息共享,反而存在很多的摩擦和利益冲突,极大浪费了供应链上的资源。制造业企业尤其是中小企业,普遍存在诸如信息系统方面的投资不足、缺乏生产的灵活性及信息共享水平低等问题。企业采取了诸多先进单项制造技术和管理方法如 MRP、MRPll、JIT、ERP、WMS、APS 等,虽然这些技术和方法取得了一定成效,但没有从根本上解决问题。中国物流与采购联合会组织调查完成的《中国制造业供应链管理调查报告》(2004 年 12 月)揭示出我国绝大部分制造企业在供应链管理上还存在许多问题:多数企业的供应链管理仍基于传统的预测-计划模式;供应链柔性较低;企业与供应商的真正伙伴关系尚未形成;供应链上的企业衔接、交流不畅通;供应链管理的成本过高;供应链反应能力良莠不齐、整体水平较低等。那么我国制造企业供应链管理问题的症结到底是什么?

传统供应链管理的问题在于供应链中的各成员不愿意与他人分享自己的商业信息。信息共享意味着供应链中各个成员将各自原本属于私有的信息拿出来与其他伙伴分享,这必将冒相当大的风险。它涉及商业机密、知识产权、道德风险、信任等问题,这些问题都会成为伙伴间信息共享的障碍。一旦信息发生泄露或是伙伴发生背叛,那么自己的损失将会是惨重的(Li et al.,2006)。当企业担心泄露商业机密时,就会增加信息共享的难度。Currall 和 Judge(1995)指出信任问题是信息共享面临的最大障碍,信任的缺失是信息共享的通病。可见,在供应链管理实践中,即使信息共享对应链上下游成员企业均有利,企业也未必有足够的积极性进行信息共享(叶飞、徐学军,2009)。为此,国内外众多学者致力于探讨促进合作伙伴间信息共享行为的策略和关键影响因素。

6.1　概念模型与研究假设

在前面文献综述的基础上,本章建立信任、承诺、信息共享之间关系的概念模型,本研究将对这一概念模型进行详细分析,阐明概念模型所包含的理论基础,最后提出相关研究假设。本研究提出信任和承诺是合作伙伴关系的两个关键要素,信任可以分为能力信任和善意信任两种主要类型,承诺可以分为计算性承诺和情感承诺两种主要类型。信息共享分为两部分,包括供应商共享客户信息如市场信息、销售信息、需求方面的信息,以及客户共享供应商的信息如库存水平、生产计划方面的信息。已有学者的研究结果显示,信任对承诺有正向影响,信任对信息共享有正向影响,承诺对信息共享没有影响或者可能有负向影响。因此,在文献研究的基础上,本研究提出信任、承诺、信息共享之间关系的概念模型,如图 6-1 所示。本模型旨在研究供应商与客户之间的信任和承诺对他们之间的信息共享的影响。以下将对这一概念模型进行详细分析,阐明概念模型所包含的理论基础。

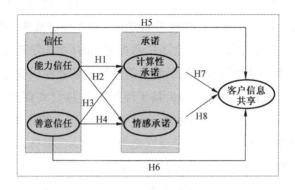

图 6-1　理论模型

该模型由五个要素组成:信任的两种不同类型——能力信任和善意信任;承诺的两种不同类型——计算性承诺和情感承诺;信息共享。该模型体现了两种不同的信任与两种不同的承诺以及信息共享之间的关系,图中方框内显示的是要素,箭头表示要素之间关系和影响方向。

6.1.1　能力信任与善意信任

能力信任是指一方具有按照另一方的要求预期完成某一行为的能力及是否有能力兑现承诺(Cullen et al. ,2000;Sako,1992),强调合作方的专业技能、技术知识及电子商务应用能力(Ratnasingham & Kumar,2000)。能力信任降低合作过程中谈判、机会主义产生的成本及商务信息的转移时间,使双方感到满意并产生信息共享的意愿(Ratnasingham & Kumar,2000)。能力信任是对技术性作用绩效的预期,即对合作伙伴能力和专长的预期。与能力信任相对应的是善意信任,善意信任是关注交易伙伴的动机和意图,较少关注自身利益、不以自我为中心的一种信任(Sako,1992),与忠诚、友好以及正直有关(Sako,1992;Ring & ven,1994)。善意信任是在伙伴间频繁的互动中逐渐建立起来的(Gulati,1995),会随着合作、开放的沟通、信息共享及承诺程度的提高而增加,合作双方感知到的结果是长期投资和好的信誉;反之,善意信任的缺失将会导致合同终止或带来不好的信誉(Ratnasingham & Kumar,2000)。

6.1.2　情感承诺与计算性承诺

情感承诺源于个人分享、认同或组织价值观的吸收同化(Morgan & Hunt,1994;Kumar et al. ,1995),它基于对合作伙伴的好感及心理上的连接,是合作双方在心态上的情感依赖,表现为彼此间的忠诚度和亲密关系(Gundlach et al. ,

1995)。具有情感承诺的供应链成员愿意保持关系是因为对合作方有一种忠诚和归属的情感(Geyskens et al.,1996)。因此,情感承诺是由于一方对另一方目标和价值观的认同和情感依恋而产生的维持这种关系的意愿,是一种积极的心理状态。计算性承诺源于交易双方资源的投入,特别是关系性资源的投入(Williamson,1985),这种关系性资源由于用于其他用途的转换价值非常低,甚至废弃而可能使某一方遭受损失,交易双方在分析维持关系带来的收益及终止该关系造成的成本的基础上,维持合作关系(Geyskens et al.,1996)。因此,计算性承诺被视为一种以投入的成本计算为主的负面心理状态,即一方意识到离开该关系所产生的预期结束成本或转移成本,知觉需要继续维持合作关系的心理状态,它涉及维持关系所获得的收益与交易成本、结束成本或转移成本及其他的一些选择之间的理性的权衡。

6.1.3　客户信息共享

供应链信息共享是指在特定的交易过程或合作过程中,供应链中的供应商、制造商、分销商和客户彼此之间的信息交流与传递(蔡淑琴、梁静,2007)。本研究的信息共享主要指供应链上游供应商与其下游客户间的信息共享。在供应链中,客户是相对的概念,每个企业都是上游企业的客户、下游企业的供应商,本研究的客户不仅包括消耗供应链上中间产品的下游企业,也包括终端客户。供应商共享客户的信息是了解客户需求的重要途径,客户的相关信息为供应商生产、销售及服务的各个环节提供有效决策支持。

目前,信息共享中信息分类的方法有很多,选择的标准各不一样。常志平和蒋馥(2003)根据信息共享的内容与目标、功能,将信息共享划分为3个层级,即作业信息层(产品品种、价格以及其他有关订单处理的信息)、管理信息层(生产能力、库存状态、供货提前期、送货时间等)战略信息层(促销计划、市场预测情况、新产品的设计信息、生产成本)。Sikora等(2006)从两个维度将供应链共享信息进行了系统的划分,其中之一是信息共享的水平,它包括交易、运作与战略三个层次的信息,他指出交易信息包括了订单数量、产品价格、销售数据、产品规格和质量以及交货规格;运作信息包括了库存水平、成本和计划、生产和运输能力、提前期以及出货量;战略信息包括了销售点信息、实时需求信息、了解市场的趋势和顾客的价值取向以及产品的设计信息。

根据前人研究,本研究将从战略信息层的市场信息、销售信息及需求信息方面衡量供应商共享下游客户的信息,而从管理信息层的库存水平、生产计划方面衡量客户共享上游供应商的信息。

6.1.4 研究假设的提出

（1）供应商与客户间的多维信任与承诺之间的关系

出于对客户的能力信任，使得供应商相信客户有能力对其自身的投入给予回报，从而保证其自身在合作关系中的利益。如当客户具有很强的信息技术应用能力的时候，供应商可能会因为与其合作可以帮助企业提升在信息技术的应用而愿意维持现有的关系。随着合作越紧密，供应商越是容易认同客户的价值观，对客户的能力依赖逐渐进入情感依赖（Kumar et al.，1995），相信客户不会采取机会主义，更愿意放弃自身的短期利益而维持长期稳定的合作关系。由此可见，供应商对客户的能力信任有助于加强客户的计算性承诺和情感承诺。

在供应链联盟中，如果供应商了解到客户具有公平交易和关系合作方利益的声誉，就会对客户的善意有一个基本的信任，相信客户会诚信合作，而不会为了短期利益采取机会主义行为（Das & Teng，2000）。善意信任不涉及清晰的被期待完成的许诺，也不涉及固定的需要达到的专业标准，它不具备功利色彩（Sako，1992）。一方面，根据互惠原则，随着人们之间的交往报酬增加，越有可能产生互惠义务来支配以后的交换。出于对客户的善意信任，供应商对未来报酬和收益有更强的信心和期待，这种信心和期待加强对关系专有资源投入的意愿。另一方面，当供应商对客户产生善意信任时，会更容易认同和接受对方的价值观和经营理念，进而形成共同的价值观。有了这种价值观作为"交换媒介"，客户更愿意对关系作出持续的承诺。因此，供应商对客户的善意信任有助于客户的计算性承诺与情感承诺的产生。

综上所述，可以推出，供应商与客户之间的能力信任及善意信任分别会对态度承诺和工具性承诺有显著的正向影响。

H1：供应商与客户间的能力信任对计算性承诺有显著的正向影响。

H2：供应商与客户间的能力信任对情感承诺有显著的正向影响。

H3：供应商与其客户间的善意信任对计算性承诺有显著的正向影响。

H4：供应商与其客户间的善意信任对情感承诺有显著的正向影响。

（2）供应商与客户间的多维信任与信息共享之间的关系

能力信任是相信对方有能力完成义务或履行承诺，当供应商向客户表达信息共享的意愿之前，首先考虑：客户是否有能力解决问题？是否给予自己帮助？是否履行承诺？提供的信息是否真实？只有具有充分的能力信任客户才能在获知信息时充满信心。Levin 等（2004）的研究表明基于能力的信任对知识共享有显著的作用,交易双方知识共享包括显性知识的转移,如共享生产排程、价格、库存信息等(Kogut & Zander,1992)。善意信任强调相信交易方是出于关心、关怀、诚实及友好目的对双方关系进行投资。供应商坦率地向客户征求建议或信息时,会使自己处于自尊与声誉受损的风险中,充分的善意信任,使供应商相信客户的分享行为是出于关怀、同情、真心及善意,才可能深入地询问对方。在这种信任中,供应链上下游企业间形成互利、友好、和睦的氛围,这有助于促进隐性知识的显性化和有效转移,推动信息与专有技术的交流与互动。此外,J. Scott(2010)通过实证研究的方法证明基于情感的善意信任与知识共享有正相关性。因此,提出以下假设:

H5:供应商与客户间的能力信任对信息共享有显著的正向影响。

H6:供应商与客户间的善意信任对信息共享有显著的正向影响。

(3)供应商与客户间的多维承诺与信息共享之间的关系

计算性承诺建立在理性分析的基础上,是基于投资成本或可能遭受经济损失的估计,是一种负面的消极情感(Bagozzi & Phillips,1982)。Kolekofshi 和 Heminger(2003)认为自私与消极的利益互惠(Negative Reciprocity)对信息共享有负面影响,这些因素降低了对低质量信息共享结果惩罚与责备的担心。Zhao 等(2008)的研究表明,计算性承诺对客户整合的作用并不明显,其中客户整合涵盖了供应链信息共享的内容。因此,本研究推断计算性承诺不会有信息共享的意愿行为,有也只能是负面的影响。计算性承诺是出于考虑移转成本或结束成本而维持忠诚度(Dick & Basu,1994;Klemperer,1995),所以,可以认为计算性承诺与信息共享有负相关性。

情感承诺是由于一方对另一方目标和价值观的认同和情感依恋而产生的维持这种关系的意愿,是一种维持长期伙伴关系的积极态度。Kolekofshi 和 Heminger(2003)指出交易双方的态度影响信息共享的程度及类型。因此,情感承诺这一积极情感会对信息共享产生影响。此外,信息共享水平也受到信息发送者与接收者间结点的紧密度与连接性影响,情感承诺是建立在亲密关系的基础之上的。Coleman(1998)认为紧密的联系使每个人都能够得到信息,监督和惩罚成本也较小,人们可以放心地转移资源。相较于计算性承诺,情感承诺在建立和维持互惠互利的伙伴关系方面更有效(Kumar,Hibbard, & Stern,2001)。所以,可以认为基于忠诚度与亲密关系的情感承诺与信息共享之间有正向关系。综上所述,可以提出如下假设:

H7:供应商与客户间的计算性承诺对信息共享有显著的负向影响。

H8：供应商与客户间的情感承诺对信息共享有显著的正向影响。

6.2 实证研究设计

6.2.1 问卷设计

问卷是在社会调查中用于收集资料的一种工具,它的形式是一份预先精心设计好的问题表格,它的用途在于测量人们的行为、态度和特征(风笑天,2005)。调查问卷所提问题一般是结构化问题,被调查者可以从几种答案中选择其中的一种。结构化的调查问卷是调查研究方法赖以收集数据的主要工具,其设计必须遵循一定的原则。问卷设计的总原则应尽可能简明,便于回答和有吸引力(李祖怀,2004)。具体来说,问卷设计过程中必须遵循以下原则(李怀祖,2004;林聚任、刘玉安,2004;巴比,2009;风笑天,2005):

问卷紧密围绕与研究目的有直接关系的问题;要尽可能地语言简单、措辞严谨、陈述简短;封闭式问卷所列举的答案尽可能完备,且各答案之间有明显的差别;避免双重问题,所提问题应遵循“一个问题包括一个明确界定的概念”的原则,任何可能引起被调查者不同理解的名词和概念都应加以说明;避免带有倾向性的问题和词语,用词注意保持中性的原则;避免否定性问题。问卷设计中应该避免使用否定式提问,如果问卷确有必要使用否定式提问,最好将“不”字印成粗体字,以提醒被调查者注意;不问调查对象不知道的问题。超出调查对象认识能力的问题会使他产生受挫感,降低他继续回答问题的意愿,这样的问题一多,问卷的质量就无法保证。不直接询问敏感性问题。涉及国家政治、道德伦理、个人隐私等方面问题一般都比较敏感,如果问卷中直接提问,将会引起很高的拒答率。根据以上原则,本研究的问卷设计流程如图6-2所示:

图6-2 问卷设计流程

在文献研究阶段,笔者查阅了大量有关信任、承诺、供应链信息共享的文献,从中挑选出一些与本研究相关的测量文献作为问卷设计的主要参考资料。为了确保测量工具的效度与信度,尽可能借鉴和参考国外已使用过的量表。量表初稿完成后,为了考察量表在我国管理环境下的适应性,对珠三角地区 10 个制造企业进行了预调查。填完问卷后,我们与问卷填答者进行了访谈。根据访谈结果,结合本研究定义及研究背景对量表进行了适当的修改,使量表更切合我国文化背景下的制造企业的实际情况。最后,对问卷进行预测试,确定了最终用来测量信任、承诺、供应链信息共享等变量的题项,形成调查问卷的最终稿。

6.2.2　变量的测量

调查问卷对信任、承诺和供应商与客户间信息共享,共计 5 个变量进行测量。变量的测量主要是借鉴已有的国内外研究,并在前人的量表基础上,结合本研究定义及研究背景对量表进行了适当的修改。

本研究的计分方式均采用 Likert 7 点尺度量法,即 1 表示非常不同意,2 表示不同意,3 表示有些不同意,4 表示一般,5 表示有些同意,6 表示同意,7 表示非常同意。

（1）信任的测量

本书从能力信任和善意信任两个维度对信任进行测量,其中能力信任是指一方具有按照另一方的要求预期完成某一行为的能力及是否有能力兑现承诺（Cullen et al. ,2000;Sako,1992）。善意信任是基于对另一方的忠诚、友好以及正直的信任（Sako,1992;Ring & ven,1994）。本书综合学者吴志明、刘益等人的相关文献,提出信任预测试中的测量量表如表 6-1 所示:

表 6-1　信任测量

项目编号	项目内容
CT1	即使主要客户给我们一个未必合理的解释,我们仍确信那是真
CT2	主要客户经常对我们公司信守承诺
CT3	主要客户提供给我们公司的建议,我们相信那是他最好的判断
GT1	主要客户在制定重大决策时,会考虑到我们的利益
GT2	即使情况有变,我们相信主要客户会愿意向我们提供帮助与支持
GT3	当我们向主要客户提出达成其要求有困难时,我们知道他会谅解

（2）承诺的测量

情感承诺是供应商对客户的忠诚和信心,体现供应商对维持关系的感情和义务,而不是单纯地考虑经济动机因素（刘益等,2008）。计算性承诺则是供应商考虑到维持关系所获得的收益和终止关系所造成的损失,从而愿意保持与制造商关系的理性态度(刘益等,2008)。综合刘益和刘婷等人的相关研究文献,提出预测试中承诺的测量量表如表6-2所示:

表6-2 承诺测量

项目编号	项目内容
AC1	我们感觉和主要客户是一家人,因此我们愿意和他们继续保持关系
AC2	即使其他客户提供更好的交易条件,公司也不愿终止和主要客户的关系
AC3	公司和主要客户具有相似经营理念,因此我们愿意和他们继续保持关系
CC1	我们希望和主要客户保持关系,是因为从他们那里得到了较多的利润和收益
CC2	我们希望和主要客户保持关系,是因为终止和主要客户的关系将给我们带来惨重损失
CC3	我们希望和主要客户保持关系,是因为建立新的关系需要投入较多的资源和人力

(3) 信息共享的测量

信息共享分为3个层次,包括作业信息层(产品品种、价格以及其他有关订单处理的信息)、管理信息层(生产能力、库存状态、供货提前期、送货时间等)、战略信息层(促销计划、市场预测情况、新产品的设计信息、生产成本)。本书从战略信息层的市场信息、销售信息及需求信息方面衡量供应商共享客户的信息,从管理信息层的库存水平、生产计划方面衡量客户共享上游供应商的信息。信息共享的测量量表如表6-3所示(Zhao et al. ,2008):

表6-3 信息共享测量

项目编号	项目内容
IS1	主要客户与我们共享市场信息的程度
IS2	主要客户与我们共享销售(POS)信息
IS3	主要客户与我们共享需求预测信息
IS4	公司与主要客户共享库存信息
IS5	公司与主要客户共享生产计划信息

6.2.3　问卷的预测试分析

6.2.3.1　预测试分析方法

本研究采用 SPSS 16.0 对小样本进行预测试,具体方法如下:

第一,净化各潜变量的测量项目,去除可靠性较低的项目。本研究利用 Cronbach's α 系数对问卷的信度进行检验。Henson(2001)认为如果研究者目的是在编制预测问卷或测量某构思的先导性研究,Cronbach's α 系数在 0.5~0.6 已足够。吴明隆(2003)认为一份信度系数好的量表或问卷,分量表信度系数最好在 0.7 以上,如果是在 0.6~0.7 之间,可以接受使用;总量表的信度系数最好在 0.8 以上,如果在 0.7~0.8 之间,仍是可以接受的范围。如果分量表的 Cronbach's α 系数在 0.6 以下或者总量表的 Cronbach's α 系数在 0.8 以下,应考虑重新修订量表。此外,纠正项目与总体相关系数(Corrated-item Total Correlation,CITC)应大于 0.35(Nunnally,1978),根据实际情况也可接近 0.3。本研究以 0.7 作为 Cronbach's α 系数的最低标准,CITC 值采用 0.35 为最低标准。

第二,检验指标间 Kaiser 的相关性,取适当性数值(KMO)的大小来判断是否可进行探索性因子分析(EFA)。根据 Kaiser(1974)的观点,KMO 在 0.6 以上勉强进行因子分析,0.7 以上尚可进行因子分析,0.8 以上适合作因子分析。因此,对于 KMO 在 0.6~0.7 之间是否进行因子分析,应根据实际情况而定。

6.2.3.2　预测试分析结果

经过 100 份问卷的测试,对整个问卷的测量项目进行探索性因子分析,测量其可靠性和有效性,并进行分析后得出正式问卷。

6.2.3.3　信任的测量结果

(1)能力信任的 CITC、可靠性测量和因子分析

由表 6-4 可知,能力信任的信度系数为 0.765,大于 0.7,说明各潜变量的测量是可信的。能力信任的三个问项的 CITC 指数均大于 0.35,因此保留这三个问项测量信任的能力维度。接着将能力信任三个问项进行探索性因子分析。首先检验测量问项 KMO 值和巴特莱球体显著性。从表 6-5 可知,能力信任的 KMO 值分别为 0.66,大于 0.6,因此,保留这三个问项在大样本中进行研究。

(2)善意信任的 CITC、可靠性测量和因子分析

由表 6-6 可知,善意信任的信度系数为 0.82,大于 0.8,说明各潜变量的测量是可信的。善意信任的三个问项的 CITC 指数均大于 0.35,因此保留这三个

问项测量信任的善意维度。接着将善意信任三个问项进行探索性因子分析。首先检验测量问项 KMO 值和巴特莱球体显著性,从表 6-7 可知,善意信任的 KMO 值为 0.702,大于 0.7,因此,保留这三个问项在大样本中进行研究。

表 6-4　能力信任的 CITC、可靠性测量

潜变量	测量问项	CITC	删除该项后的 α 系数	α 系数
能力信任	CT1	0.499	0.807	0.765
	CT2	0.654	0.626	
	CT3	0.655	0.620	

表 6-5　能力信任的 KMO 及巴特莱检验结果

Kasier-Meyer-Olkin 取样适当性度量		0.660
巴特莱球体检验	近似卡方分布	87.300
	自由度	3
	显著性	0.000

表 6-6　善意信任的 CITC、可靠性测量

潜变量	测量问项	CITC	删除该项后的 α 系数	α 系数
善意信任	CT1	0.669	0.760	0.820
	CT2	0.732	0.696	
	CT3	0.627	0.800	

表 6-7　能力信任的 KMO 及巴特莱检验结果

Kasier-Meyer-Olkin 取样适当性度量		0.702
巴特莱球体检验	近似卡方分布	107.752
	自由度	3
	显著性	0.000

（3）信任整体变量的测量结果

在分别对能力信任与善意信任进行分析后,再对信任的整体维度进行分析如下:从表 6-8 可知,α 系数为 0.842,说明信任的整体可靠性好。此外,从表 6-9 可知,KMO 为 0.795,大于 0.7 接近 0.8,因此,保留信任六个问项在大样本中再进行研究。

表6-8 信任整体 CITC、可靠性测量

潜变量	测量问项	CITC	删除该项后的 α 系数	α 系数
信任	CT1	0.617	0.818	0.842
	CT2	0.692	0.803	
	CT3	0.632	0.814	
	GT1	0.529	0.837	
	GT2	0.639	0.814	
	GT3	0.633	0.814	

表6-9 信任整体 KMO 及巴特莱检验结果

Kasier-Meyer-Olkin 取样适当性度量		0.795
巴特莱球体检验	近似卡方分布	240.564
	自由度	15
	显著性	0.000

6.2.3.4 承诺的测量结果

（1）情感承诺的 CITC、可靠性测量和因子分析

由表6-10可知,情感承诺的信度系数为0.811,大于0.8,说明各潜变量的测量是可信的。情感承诺的三个问项的 CITC 指数均大于0.35,因此保留这三个问项测量承诺的情感维度。接着对情感承诺的各测量问项进行探索性因子分析。首先检验测量问项 KMO 值和巴特莱球体显著性,从表6-11可知,KMO 值分别为0.705,大于0.7,因此,保留这三个问项在大样本中再进行研究。

表6-10 情感承诺的 CITC、可靠性测量

潜变量	测量问项	CITC	删除该项后的 α 系数	α 系数
情感承诺	AC1	0.620	0.783	0.811
	AC2	0.661	0.742	
	AC3	0.706	0.698	

表6-11 情感承诺的 KMO 及巴特莱检验结果

Kasier-Meyer-Olkin 取样适当性度量		0.705
巴特莱球体检验	近似卡方分布	100.44
	自由度	3
	显著性	0.000

（2）计算性承诺的 CITC、可靠性测量和因子分析

由表 6-12 可知，计算性承诺的信度系数为 0.768，大于 0.7，计算性承诺的三个问项的 CITC 指数均大于 0.35，因此保留这三个问项测量承诺的计算性维度。接着对计算性承诺的各测量问项进行探索性因子分析。首先检验测量问项 KMO 值和巴特莱球体显著性，从表 6-13 可知，KMO 值为 0.607，大于 0.6，在可适合作因子分析的范围内。因此，保留这三个问项在大样本中再进行研究。

表 6-12　计算性承诺的 CITC、可靠性测量

潜变量	测量问项	CITC	删除该项后的 α 系数	α 系数
计算性承诺	AC1	0.630	0.648	0.768
	AC2	0.725	0.529	
	AC3	0.454	0.844	

表 6-13　计算性承诺的 KMO 及巴特莱检验结果

Kasier-Meyer-Olkin 取样适当性度量		0.607
巴特莱球体检验	近似卡方分布	100.022
	自由度	3
	显著性	0.000

（3）承诺整体变量的测量结果

在分别对情感承诺与计算性承诺进行分析后，再对承诺的整体维度进行分析如下：从表 6-14 可知，α 系数为 0.732，说明承诺的整体可靠性好。从表 6-15 可知，KMO 为 0.686，接近 0.7，因此，保留承诺六个问项在大样本中再进行研究。

6.2.3.5　信息共享的测量结果

由表 6-16 可知，信息共享的信度系数为 0.896，大于 0.8，接近 0.9，说明各潜变量的测量是可信的。信息共享五个问项的 CITC 指数均大于 0.35，因此保留这五个问项测量信息共享。接着对信息共享各问项进行探索性因子分析。首先检验测量问项 KMO 值和巴特莱球体显著性，从表 6-17 可知，信息共享的 KMO 值为 0.868，大于 0.8，因此，保留这五个问项在大样本中进行研究。

表 6-14 承诺整体 CITC、可靠性测量

潜变量	测量问项	CITC	删除该项后的 α 系数	α 系数
承诺	AC1	0.489	0.688	0.732
	AC2	0.425	0.707	
	AC3	0.578	0.663	
	CC1	0.508	0.684	
	CC2	0.556	0.669	
	CC3	0.274	0.750	

表 6-15 承诺整体 KMO 及巴特莱检验结果

Kasier-Meyer-Olkin 取样适当性度量		0.686
巴特莱球体检验	近似卡方分布	209.959
	自由度	15
	显著性	0.000

表 6-16 信息共享的 CITC、可靠性测量

潜变量	测量问项	CITC	删除该项后的 α 系数	α 系数
信息共享	IS1	0.778	0.869	0.896
	IS2	0.793	0.864	
	IS3	0.769	0.868	
	IS4	0.78	0.866	
	IS5	0.648	0.899	

表 6-17 信息共享的 KMO 及巴特莱检验结果

Kasier-Meyer-Olkin 取样适当性度量		0.868
巴特莱球体检验	近似卡方分布	297.771
	自由度	10
	显著性	0.000

6.2.4 问卷调查数据分析方法

为了验证概念模型与研究假设,本研究使用 SPSS 16.0 和 AMOS 6.0 统计分析软件对问卷调查获得的数据进行统计分析,运用的统计方法包括描述性统计分析、信度和效度检验、结构方程建模等。

6.2.4.1 描述性统计分析

本研究运用频数分布及百分比分析对问卷填答者的基本特征及样本企业的基本特征进行了描述,包括问卷设计、问卷数据分析、统计分析方法等部分。

6.2.4.2 信度和效度检验

调查问卷的信度是指问卷测量所得结果内部一致性程度,用来考察问卷测量的可靠性。目前最常用的信度测量方法以 Cronbach's α 系数来检验,它能很好地反映出测量项目的内部一致性程度(Flynn,1990)。本研究首先通过探索性因子分析对各潜变量的单向度进行检测,然后使用 Cronbach's α 值来测量问卷的信度。

效度是指测量工作或测量手段能够准确测出所要测量的变量的程度(风笑天,2005)。效度的测量一般分为效标关联效度、内容效度及结构效度(Flynn,1990)。本研究的各个测量问项都是直接测量,很难找到概念上完全重合的客观效标来测量效标关联效度,因此比较困难。本研究只针对内容效度和结构效度进行检验。内容效度是指测量内容指标与测量目标之间的适合性和逻辑相符性(风笑天,2005)。提高内容效度主要是通过文献研究和专家咨询的方法(Flynn,1990)。由于研究量表条目大都出自国内外学者曾经使用的比较成熟的量表,因此本研究的问卷具有相当的内容效度。结构效度是指问卷能够测量理论概念或特质的程度(Flynn,1990)。一般可通过因子分析对结构效度进行检验。考虑到跨文化因素的影响,本研究通过对问卷的问项进行验证性因子分析(CFA)来验证各变量的结构效度。

6.2.4.3 结构方程建模

结构方程建模(Structural Equation Modeling,SEM)是一种综合运用多元回归分析、路径分析和验证性因子分析方法而形成的一种统计数据分析工具(李怀祖,2004)。本研究运用 AMOS 6.0 统计软件,通过结构方程模型对信任、承诺及信息共享之间的关系进行研究,对所提出的假设进行验证。具体的过程如下:首先进行理论研究、模型界定和模型识别;然后测量变量的选择及资料的收集工作;接着进行模型估计、适配度评估,若整体模型适配度未达到可接受的程度,将对模型进行修正;最后对模型的统计结果进行解释和讨论。

6.2.5 小结

本小节问卷调查研究方法进行了系统的描述,包括问卷设计、问卷数据分析、统计分析方法等部分。本研究采用的模型基于不同领域、不同背景下的研究,需要用严格的程序来检验它的可用性。在收集数据之前,内容效度由前人的文献、与受测者的面谈和预调查来保证。在数据收集过程中,采取了多种方法来保证收集数据的真实性和可靠性。预测试分析中采用 Cronbach's α 系数、CITC 及 KMO 对问卷的信度和效度进行检验。最后对本研究采用的描述性统计分析、信度与效度检验、结构方程模型等主要统计分析方法进行了说明。

6.3　统计分析

本小节对调查问卷回收情况及调查样本进行基本的统计描述,接着运用统计软件 SPSS 16.0 及 AMOS 6.0 对调查问卷中各变量测量的信度和效度进行检验;最后,对样本数据进行了描述性统计分析、验证性因子分析等,并对假设进行了检验。

6.3.1　样本分析

本研究的调查范围为长三角地区制造企业,调查对象主要是企业的中高层管理人员。本研究采用方便抽样、随机抽样及项目组人员的个人关系网络相结合的调查方式,共发放 795 份问卷,共回收 273 份问卷,扣除填答不完整和非制造企业问卷后,共收集 189 份有效问卷,问卷回收率和有效问卷回收率分别为34.34%和23.77%。具体如下:

第一,采用随机抽样的方式,通过企业黄页随机收集广东省制造企业名录,通过电话方式与企业人员取得联系,在经过许可的情况下邮寄相关问卷并回收,同时对不方便填答纸质问卷的受访者通过网络连接的形式填答问卷。

第二,通过项目组人员的个人关系进行问卷发放和回收。回收方式采取邮寄纸质问卷与发放网络问卷的形式。

在有效的 189 个样本中,样本的分布特征如下:样本企业所属的制造业类型样本以长三角地区的制造企业为调研对象,样本企业所属不同的制造业类型如表 6-18 所示。样本企业涉及电子产品与电气、金属、机械与工程等不同的制造行业,其中以电子产品与电气为最多,有 55 家,占总数的 29.1%,其次是金属、机械与工程类型的制造业,占 12.2%;化学制品与石油化工类型的制造业占7.9%。

表 6-18　样本企业所属的制造业类型

特征变量	变量分类	频数	百分比(%)
制造业类型	船舶	8	4.2
	建筑材料	6	3.2
	化学制品与石油化工	15	7.9
	电子产品与电气	55	29.1
	食品、饮料、酒精与香烟	11	5.8
	金属、机械与工程	23	12.2
	橡胶与塑料	3	1.6
	其他制造业	68	36
	合计	189	100

从表 6-19 可以看出,样本中外资企业占的份额比较大,为 34.9%。其次是国有企业和合资企业,分别各占了 20% 左右的份额。私企占 14.3%,而集体企业较少,有 3 家,占总数的 1.6%。

表 6-19　样本企业所有权性质

特征变量	变量分类	频数	百分比(%)
企业性质	国有企业	39	20.6
	集体企业	3	1.6
	私企(中国大陆)	27	14.3
	合资企业	43	22.8
	外资企业	66	34.9
	其他	11	5.8
	合计	189	100

从表 6-20 的统计数据可以看出,6~10 年和 11~15 年的企业各占总数的 20% 左右,5 年以下和 21 年及以上的企业占 14% 左右,16~20 年的企业相对少一些,但也占有总数的 11.6%。总体看来,样本企业年龄分布情况较为平均。

表 6-20　样本企业年龄分布状况表

特征变量	变量分类	频数	百分比(%)
企业年龄	5 年及以下	27	14.3
	6~10 年	38	20.1

续表6-20

特征变量	变量分类	频数	百分比(%)
	11~15年	39	20.6
	16~20年	22	11.6
企业年龄	21年及以上	28	14.8
	其他	35	18.5
	合计	189	100

6.3.2 效度与信度分析

6.3.2.1 效度检验

为了建立具有内容效度的问卷,研究者必须根据理论架构搜索相关问题和测量问项,从中选择能够完整涵盖所需测量变量的问项(Straub,1989)。本研究主要是以结构式问卷作为研究工具进行资料收集,而研究的量表大多引自国内外学者曾经使用过的量表,因此本研究所使用的问卷具有相当的内容效度。

考虑到跨文化因素的影响,研究仍然以验证性因素(CFA)来验证各变量的结构效度。由表6-21可知,本研究的各项因子载荷均大于0.5。这表明,本研究的所有变量都通过了判别效度分析和验证性因素分析,各变量具有较好的效度结构,证实了模型因子结构的合理性,满足本研究所预期的度量结果。

表6-21 验证性因子分析(CFA)

潜变量	问项	标准载荷
能力信任	即使主要客户给我们一个未必合理的解释,我们仍确信那是真(CT1)	0.735
	主要客户经常对我们公司信守承诺(CT2)	0.759
	主要客户提供给我们公司的建议,我们相信是他最好的判断(CT3)	0.619
善意信任	主要客户在制定重大决策时,会考虑到我们的利益(GT1)	0.715
	即使情况有变,我们相信主要客户会愿意向我们提供帮助与支持(GT2)	0.889
	当我们向主要客户提出达成其要求有困难时,我们知道他会谅解(GT3)	0.803
情感承诺	我们感觉和主要客户是一家人,因此我们愿意和他们继续保持关系(AC1)	0.851
	即使其他客户提供更好的交易条件,公司也不愿终止和主要客户的关系(AC2)	0.717
	公司和主要客户具有相似的经营理念,因此我们愿意和他们继续保持关系(AC3)	0.673

续表 6-21

潜变量	问项	标准载荷
计算性承诺	我们希望和主要客户保持关系,是因为从他那里得到了较多的利润和收益(CC1)	0.543
	我们希望和主要客户保持关系,是因为终止和主要客户的关系将给我们带来惨重损失(CC2)	0.976
	我们希望和主要客户保持关系,是因为建立新的关系需要投入较多的资源和人力(CC3)	0.749
信息共享	主要客户与我们共享市场信息的程度(IS1)	0.803
	主要客户与我们共享销售(POS)信息(IS2)	0.853
	主要客户与我们共享需求预测信息(IS3)	0.810
	公司与主要客户共享库存信息(IS4)	0.833
	公司与主要客户共享生产计划信息(IS5)	0.722

6.3.2.2 探索性因子分析(EFA)与信度检验

信度是测验的一致性程度,即相同的个人在不同的时间,以相同的测验测量,或以复本测验测量,或在不同情境下测量的结果的一致性。如果两次测量的结果一致,表示测量具有稳定性、可靠性或可预测性(黄芳铭,2005)。信度检验以 Cronbach's α 系数来检验,Cronbach's α 值越高表示该组问项间越有系统性。本研究首先通过 EFA 对量表的单一维度性进行检测,然后使用 Cronbach's α 对每个变量的信度进行测量。

EFA 是运营管理研究中常用的检测单一维度性的方法。本研究运用 EFA 对信任、承诺及客户信息共享的维度进行检验。进行探索性因子分析,首先对样本的适当性数值(KMO)值的大小判断问项是否适合进行因素分析,Kaiser (1974)给出了常用的 KMO 度量标准:0.9 以上表示非常适合;0.8 表示适合;0.7 表示一般;0.6 表示勉强适合;0.5 以下表示极不适合。

6.3.2.3 信任和承诺的探索性因子分析

本研究首先对信任和承诺进行 KMO 和巴特莱球体检验,采用 SPSS 16.0 进行数据分析。表 6-22 的计算结果显示:取样适当的 KMO 检验值为 0.847,该数据适合作因子分析。

表 6-22　信任和承诺的 KMO 及巴特莱检验结果

Kasier-Meyer-Olkin 取样适当性度量		0.847
巴特莱球体检验	远似卡方分布	1 048
	自由度	66
	显著性	0.000

信任和承诺的主成分分析结果如表 6-23 所示,通过转轴后,共抽取 4 个因子(善意信任、能力信任、计算性承诺、情感承诺),所提取的共同因子与概念结构特征一致。抽取的因子解释了 72.116% 的方差,高于 60% 的要求,各问项的因子载荷均大于 0.5,说明各测量问项收敛性较好,具有明显的单一维度性特点。

表 6-23　信任和承诺的探索性因子分析

潜变量	问项	情感承诺	善意信任	计算性承诺	能力信任
情感承诺	AC1	0.774	0.239	0.158	0.077
	AC2	0.744	0.25	0.052	0.176
	AC3	0.691	0.325	0.108	0.342
善意信任	GT1	0.224	0.867	0.099	0.119
	GT2	0.352	0.786	0.084	0.248
	GT3	0.267	0.695	0.066	0.323
计算性承诺	CC1	0.141	0.039	0.898	0.162
	CC2	0.307	0.093	0.837	-0.063
	CC3	-0.119	0.104	0.688	0.336
能力信任	CT1	0.054	0.296	0.182	0.76
	CT2	0.399	0.166	0.113	0.721
	CT3	0.469	0.229	0.169	0.559

通过尺度分析(Scale)中的信度分析(Reliability Analysis)对信任和承诺各个及整体变量进行信度分析,采用 Cronbach's α 系数来评价承诺变量的内部一致性。一般认为 α 值介于 0.7~0.8 之间属于高信度值;若低于 0.35,则就拒绝。由表 6-24 可知,信任与承诺各变量的 Cronbach's α 值均大于 0.70,表明各变量具有较好的信度,反映了原有数据结构的信息。此外,信任与承诺单维度信度也都大于 0.75,信度良好。

表 6-24　信任和承诺的信度分析

潜变量	问项	CITC	删除该项后的 α 值	Cronbach's α	Cronbach's α
能力信任	CT1	0.527	0.715	0.743	0.850
	CT2	0.585	0.643		
	CT3	0.602	0.621		
善意信任	GT1	0.708	0.774	0.840	
	GT2	0.773	0.708		
	GT3	0.635	0.84		
情感承诺	AC1	0.583	0.765	0.790	0.762
	AC2	0.639	0.710		
	AC3	0.678	0.665		
计算性承诺	CC1	0.617	0.692	0.775	
	CC2	0.754	0.532		
	CC3	0.485	0.844		

6.3.2.4　客户信息共享的探索性因子分析

同上,对客户信息共享进行 KMO 和巴特莱球体检验,采用 SPSS 16.0 进行数据分析。表 6-25 的计算结果显示:取样适当的 KMO 检验值为 0.870,该数据适合作因子分析,巴特莱球体检验的近似卡方值为 564.810,自由度为 10,检验的显著水平为 0.000,说明数据具有相关性,适合作因子分析。

表 6-25　客户信息共享的 KMO 及巴特莱检验结果

Kasier-Meyer-Olkin 取样适当性度量		0.870
巴特莱球体检验	近似卡方分布	564.810
	自由度	10
	显著性	0.000

同样,采用主成分分析对客户信息共享的 5 个问项进行因子分析,结果如表 6-26 所示,抽取的因子解释了 71.702% 的方差,高于 60% 的要求,各问项的因子载荷均大于 0.5,说明各测量问项收敛性较好,具有明显的单一维度性特点。

由表 6-27 可知,客户信息共享的单维度信度达到 0.899,具有较好的信度,反映了原有数据结构的信息。

表 6-26 客户信息共享的探索性因子分析

潜变量	问项	因子载荷 客户信息共享
客户信息共享	IS1	0.877
	IS2	0.875
	IS3	0.851
	IS4	0.842
	IS5	0.786
Total Varince Explained		71.702%

表 6-27 客户信息共享的信度分析

潜变量	测量问项	CITC	删除该项后的 α 系数	α 系数
客户信息共享	IS1	0.743	0.880	0.899
	IS2	0.788	0.869	
	IS3	0.758	0.875	
	IS4	0.798	0.866	
	IS5	0.677	0.895	

6.4 结构方程模型的构建

结构方程模型(Structural Equation Modeling,SEM)整合了因素分析(Factor Analysis)与路径分析(Path Analysis)两种统计方法。本研究应用结构方程分析软件 AMOS 6.0 分析供应商与客户的信任、承诺与信息共享之间的影响关系。根据结构方程的建模要求,首先建立由潜在变量和观察变量组成的测量模型,本研究建立由信任、承诺与信息共享关系的测量模型。在测量模型中,能力信任、善意信任、计算性承诺与情感承诺作为潜在变量时,都分别由 3 个观察变量构成(CT1,CT2,CT3;GT1,GT2,GT3;CC1,CC2,CC3);信息共享作为潜在变量时,则由 5 个观察变量构成(IS1,IS2,IS3,IS4,IS5)。

6.4.1 测量模型的适配度检验

在进行假设检验之前,对概念模型的测量模型进行检验是非常必要的一项工作。有关模型适配度的检验有许多不同主张,但以学者 Bogozzi 和 Yi(1998)

二人的观点较为周全,他们认为假设模型与实际数据是否契合,须同时考虑以下 3 个方面:基本适配度指标、整体模型适配度指标以及模型内在适配度指标。本研究主张 Bogozzi 和 Y(1998)的观点从这 3 个方面来检验整体理论模型。

（1）基本适配度

适配度指标用来检验模型是否有序列误差、辨认问题或数据文件输入错误。在验证模型基本适配度指标方面,Bogozzi 和 Yi(1998)指出估计参数不能出现负的误差方差,所有误差变异必须达到显著水平($t>1.96$);此外,潜在变量与其观察变量间的因子载荷值最好介于 0.50~0.95 之间,以是否达到显著水平加以衡量。

从表 6-28 可知,本研究的潜在变量与其观察变量间的因子载荷值绝大多数介于 0.5~0.95 之间,观察变量 CC2 因子载荷 0.976,稍微大于 0.95,暂不剔除,误差方差均大于 0,t 值均大于 1.96,即误差变异达到显著水平,表明本研究提出的理论模型总体上符合基本拟合度。

表 6-28　理论模型的检验分析

潜变量	问项	标准载荷（λ）	标准差	t 值	误差方差	P 值	Cronbach's α	AVE	CR
能力信任	CT1	0.735	—	—	0.918		0.791	0.500	0.749
	CT2	0.759	0.106	9.349	0.487	***			
	CT3	0.619	0.119	7.766	0.568	***			
善意信任	GT1	0.715	—	—			0.840	0.649	0.846
	GT2	0.889	0.119	10.978	0.297	***			
	GT3	0.803	0.121	10.14	0.624	***			
情感承诺	AC1	0.851	—	—			0.790	0.564	0.793
	AC2	0.717	0.09	10.257	0.862	***			
	AC3	0.673	0.083	9.215	0.412	***			
计算性承诺	CC1	0.543	—	—			0.775	0.603	0.812
	CC2	0.976	0.223	7.333	0.07	***			
	CC3	0.749	0.159	7.49	1.244	***			

续表 6-28

潜变量	问项	标准载荷（λ）	标准差	t 值	误差方差	P 值	Cronbach's α	AVE	CR
信息共享	IS1	0.803	—	—			0.889	0.649	0.902
	IS2	0.853	0.087	13.476	0.566	* * *			
	IS3	0.810	0.09	12.16	0.688	* * *			
	IS4	0.833	0.099	12.498	0.747	* * *			
	IS5	0.722	0.103	10.461	1.175	* * *			
整体适配指标	$X^2/df = 1.926, RMR = 0.087, GFI = 0.892, CFI = 0.94,$ $NFI = 0.885, IFI = 0.941, NNFI = 0.926, RMSEA = 0.07$								

（2）模型整体适配度

模型整体适配度用以检验假设模型与观察数据是否拟合。一般而言,整体模型适配度是否达到拟合标准通常从绝对适配指标、增量拟合指标及简约拟合指标三个方面来判断。本研究综合三个方面主要选取 $X^2/df, RMR, RMSEA,$ $NFI, NNFI, GFI, CFI, IFI$ 等普遍认可的指标作为评价模型整体适配度。卡方自由度比值 X^2/df 较严格的拟合准则是介于 1~2 之间,本模型 $X^2/df = 1.926$,表示假设模型与样本数据的契合度可以接受。一般而言,RMR 值在 0.05 以下可以接受,值愈小越好,本模型为 0.087,表明模型的整体拟合度欠佳;$RMSEA =$ 0.07,在合理拟合度的参考范围 0.05~0.08 之间,表明模型拟合尚可,$GFI =$ 0.892,大于 0.8 接近 0.9。对于 $CF, NFI, IFI, NNFI$ 值介于 0~1 之间为可接受范围,愈接近 1 表示模型拟合度愈好。本模型中,$CFI = 0.94$ 大于 0.9 接近 1,$NFI = 0.885$ 接近 0.9,$F = 0.941$ 大于 0.9 接近 1,$NNFI = 0.926$ 大于 0.9 接近 1,各项指标均非常接近 1,表明模型较高的拟合度。

（3）模型内在适配度

模型内在适配度用以评估模型内估计参数的显著程度、各指标及潜在变量的信度等。Bogozzi 和 Yi(1998)建议以潜在变量组合信度大于 0.6($CR>0.6$)、潜在变量的平均抽取方差临界值为 0.5($AVE>0.5$)、标准差的绝对值须小于 2.58(或 3)、所有参数统计量的估计值均达到显著水平($|t|>1.96$;或 $P<0.05$)等标准来判断模型内在适配度。本研究的能力信任、善意信任、情感承诺、计算性承诺及信息共享的组合信度分别为 0.749,0.846,0.793,0.812,0.902,均大于 0.7,组合信度高表明观察指标间有高度的内在关联存在;相应地,平均抽取

方差 AVE 值分别为 $0.500,0.649,0.564,0.603,0.649$，均大于等于 0.5，表明观察变量能有效反映其代表的潜在变量；此外，t 值与标准差也都满足要求。因此，本研究提出的理论合理性模型具有很好的内在适配度。

6.4.2 假设检验结果

研究利用 AMOS 6.0 软件进行结构方程建模，表 6-29 为整体模型拟合分析后的标准回归路径，可以得出如下结论：①能力信任对计算性承诺有显著的正向影响（$\beta=0.601,P<0.001$），假设 H1 获得支持；②能力信任对情感承诺有显著的正向影响（$\beta=0.527,P<0.001$），假设 H2 获得支持；善意信任对计算性承诺没有显著正向影响（$\beta=-0.201,P>0.1$），假设 H3 未获得支持；善意信任对情感承诺有显著的正向影响（$\beta=0.366,P<0.01$），假设 H4 获得支持；能力信任对信息共享有显著的正向影响（$\beta=0.344,P<0.1$），假设 H5 获得支持；善意信任对信息共享有显著的正向影响（$\beta=0.366,P<0.1$），假设 H6 获得支持；计算性承诺对信息共享有显著的负向影响（$\beta=-0.161,P<0.1$），假设 H7 获得支持；情感承诺对信息共享没有显著的正向影响（$\beta=0.003,P>0.1$），假设 H8 未获得支持。

表 6-29　假设检验结果

假设	路径说明	标准路径系数 β	P 值	结论
H1	能力信任→计算性承诺	0.601	0.000	支持
H2	能力信任→情感承诺	0.527	0.000	支持
H3	善意信任→计算性承诺	−0.201	0.168	不支持
H4	善意信任→情感承诺	0.366	0.002	支持
H5	能力信任→信息共享	0.344	0.083	支持
H6	善意信任→信息共享	0.366	0.015	支持
H7	计算型承诺→信息共享	−0.161	0.049	支持
H8	情感承诺→信息共享	0.003	0.987	不支持

8 个假设的验证结果，结果大部分支持了本研究的概念模型，所提出的 8 个假设中有 6 个支持检验。

6.5　结果讨论

本研究以长三角地区 189 家制造业作为研究对象，进行了理论和实证研究，并利用结构方程模型探讨了在我国文化背景下影响供应链信息共享行为的意愿性因素。本研究将信任细分为基于情感的善意信任和基于理性的能力信任;同样,将承诺细分为基于工具性的计算性承诺和非工具性的情感承诺。根据上述实证分析结果,我们进行如下讨论。

6.5.1　供应商与客户间的多维信任对承诺的影响分析

研究表明,善意信任与能力信任对两个不同维度的承诺的影响呈现出不同的特点。在信任与承诺的四个假设中,假设 H1,H2,H4 获得了支持,与 Morgan 和 Hunt(1994),Kwon 和 Suh(2004),叶飞和徐学军(2009)等学者的研究结论基本是一致的;需要特别注意的是:信任中的善意信任对计算性承诺不存在正相关性,假设 H3 未获得支持。

具体来说,研究发现能力信任对两种承诺呈现出对称性作用,即能力信任对计算性承诺和情感承诺都存在非常显著的正向影响($P<0.005$),说明供应商与客户间的能力信任的建立可以吸引对方,进一步获得对方的关系承诺。

然而,善意信任对两种承诺则呈现出非对称性作用。首先,善意信任对情感承诺有非常显著的正向影响($\beta=0.366,P<0.001$),这说明了善意信任能够促进合作双方价值观的认同和内化,进而建立和发展稳定的供应链合作伙伴关系。其次,善意信任对计算性承诺呈负向且不显著的关系($\beta=-0.211,P>0.1$)。这说明供应链成员的一方若以工具性的算计态度来回应另一方的善意信任有违于社会交换理论中的公正原则和互惠原则,可能导致自身在交易中信誉乃至社会声誉的降低,给自身带来损失。

6.5.2　供应商与客户间的多维信任、承诺对信息共享的影响分析

研究发现,多维信任、承诺对信息共享的影响也呈现出不同的特点。一方面,能力信任与善意信任对信息共享呈现出对称性特征,即善意信任与能力信任对信息共享均有正向显著影响($P<0.1$),假设 H5,H6 获得支持,这一结果与以往学者(Munch,1993;Donal,1997;Kim,1997;叶飞、徐学军,2009)认为信任是影响供应链伙伴间信息共享水平的关键因素的研究结论一致。对于有能力完成义务或履行承诺的一方容易获得另一方的能力信任,从而产生合作的意愿。其次,主动真诚地关心对方的利益并愿意为对方作出牺牲的合作伙伴,更容易赢得对方的认同,对方也会倾向于善意的回报如共享重要的战略信息等。这进一步表明,实现供应链成员间信息共享的过程中构建信任机制的重要性。

另一方面,计算性承诺与情感承诺对信息共享则呈现出非对称性特征。供应商的计算性承诺对客户信息共享有显著的负向影响($\beta=-0.161,P<0.05$),即假设 H7 获得支持,这说明了提高信息共享的监督和惩罚成本,将有利于提高

信息共享的质量和水平。情感承诺与信息共享之间的关系不显著($P>0.1$),即假设 H8 未获得支持,说明了我国供应链伙伴间缺乏持久的关系承诺,造成彼此间的商业关系极为脆弱。这一研究结果与 Zhao 等(2008)、叶飞和徐学军(2009)认为中国情境下的供应链伙伴间的承诺与信息共享的关系并不显著的观点存在不一致,甚至工具性的计算性承诺对信息共享作用出现相反的结论。可能原因是:①上述学者采用的是单一维度的承诺,对信息共享的影响与本研究细分为两个维度后的结果有所不同;②信息共享的内容不同,如叶飞、徐学军认为供应链伙伴间的承诺与信息共享的关系可能受到信息共享内容的影响。

6.5.3 供应商与客户间的多维信任、承诺与信息共享之间关系的路径分析

从表 6-29 路径分析的结果可以发现,供应商与客户间的能力信任和善意信任对信息共享的直接影响与通过承诺路径对信息共享的间接影响的结果是有差异的。如果考虑能力信任对信息共享的整体作用效果,即整合能力信任对信息共享的直接影响以及通过两种不同承诺路径对信息共享的间接影响,本研究发现能力信任对信息共享的整体影响效果($-0.097+0.002+0.344=0.249$)小于能力信任与信息共享的直接作用的程度(0.344)。这表明,供应商与客户间的信息共享行为在更大程度上受到其能力信任的直接影响。同样地,整合善意信任对信息共享的直接影响以及通过两种不同承诺的路径对信息共享的间接作用的整体影响效果为 0.401(0.034+0.001+0.366),得到善意信任对信息共享的间接作用高于其对信息共享的直接作用(0.366)。

6.6 基本结论

通过前文的研究,本研究已经对供应商和客户间的多维度信任、承诺对信息共享的影响进行了系统全面的理论分析、问卷调查数据分析。本小节将在此基础上,对本研究进行总结,阐明本研究的主要结论与管理启示,并在此基础上,对本研究的创新之处与存在的局限性进行说明,指出后续研究的方向并提出建议。

6.6.1 研究结论

在激烈的市场竞争中,企业会基于不同的动机保持与下游客户的合作关系,通过建立良好的信任机制与长期承诺的伙伴关系以便顺利地共享客户信息,信息共享能减少供应链上的牛鞭效应,提高企业运营绩效。本研究以长三角地区 189 家制造业作为研究对象,通过理论研究和实证研究,利用结构方程模型探讨了在我国文化背景下多维度信任与承诺与信息共享的影响。本研

将信任细分为基于情感的善意信任和基于理性的能力信任,同样,将承诺细分为基于工具性的计算性承诺和非工具性的情感承诺。通过实证研究,本研究得出以下结论:

(1)多维度信任对承诺的影响。本研究的研究结论表明,能力信任对情感承诺和计算性承诺都有正向影响,而善意信任对情感承诺产生显著的正向影响,与计算性承诺没有显著关系。这表明能力是促进承诺的重要因素,为了赢得对方对关系的承诺,供应链成员应注重自身能力的培养;同时主动关心对方的利益,愿意为对方作出牺牲的合作伙伴,更容易赢得对方的认同,对方也会倾向于给予善意的回报而不是工具性的算计。

(2)多维度信任和承诺对信息共享的影响。本研究的研究发现,善意信任对信息共享有正向影响,能力信任与信息共享没有显著关系。这表明,受到中国儒家伦理道德观的影响,企业对善意的回报和道德品质尤其重视,善意信任成为企业权衡共享信息的重要因素。计算性承诺对信息共享有显著的负向影响,这表明,基于外在短期利益的算计对信息共享行为产生消极的影响,供应链上下游企业应该考虑长远的利益,与合作方建立长期的战略联盟伙伴关系,才能更顺利地共享对方重要的战略信息。本研究也进一步发现情感承诺与信息共享没有显著关系,但这并不意味着情感承诺就不重要,有共同目标和价值观的企业更容易获取对方的好感和信任,有助于企业间建立亲密合作的伙伴关系,中国人讲究"志同道合""趣味相投",因此,企业间的价值认同在中国文化背景下也很重要。

综上所述,不同维度的信任、承诺与信息共享之间的影响作用和功能各不相同。通过对信任与承诺的维度更细致的划分,研究表明信任对承诺和信息共享具有促进作用,信任与承诺对信息共享的影响结果有别于与以往采用单一维度的研究结果,基于不同来源的信任和承诺对信息共享的作用有所不同。本研究深化和扩展了以往采用单一维度对信任和承诺的研究,这就对传统研究将信任和承诺视为单一维度的结构变量提出了挑战,因此考虑多维度信任、承诺与信息共享之间的作用机制具有重要的意义。

6.6.2　管理启示

本研究应通过细分信任与承诺,探讨两种不同维度的信任和承诺对信息共享的影响关系,对供应链上游企业如何通过增进企业间的信任和承诺来促进信息共享提供了参考和指导,对中国制造企业的信息共享实践具有重要的现实意义。具体来说,本研究在上述实证研究的基础上,得出以下几点管理启示:

（1）能力是促进信任和承诺的重要因素，为了赢得对方的信任和对关系的承诺，合作双方要注重自身能力的培养。在当今科学技术迅速发展、市场需求不断变化的时代，陈旧的技能和知识正在以前所未有的速度被淘汰，适合对方需要的能力因素在关系承诺中变得越来越重要，一个有能力的企业能激发对方的信任，得到对方的认可，使对方产生长期维持合作关系的意愿。本研究的结果表明，能力信任可以同时促进情感承诺与计算性承诺。供应链上游企业对下游客户的能力信任不仅仅来源于满足基本的业务需求的能力，还包括协调和解决客户出现的问题的能力。

（2）善意信任与计算性承诺是促进信息共享意愿性形成的重要因素。为了促使供应链上下游企业间顺利地进行信息共享，企业不仅要重视培养善意、诚信等品质，也要重视基于短期利益回报的算计心理对信息共享行为产生的消极影响。首先，供应链上游企业应重视客户利益，树立客户利益至上的理念，避免产生"急功近利"的算计心态，使客户相信不会为了短期利益将其信息泄露出去。其次，企业应从长远利益考虑，与客户建立长期稳定的战略联盟关系，降低信息共享的风险，与客户顺利地共享重要的决策信息。此外，本研究结论显示了情感承诺与信息共享之间没有显著关系，这并不意味着情感承诺不重要。我国是一个具有很强的长期价值导向的国家，具有良好的组织价值观才能得到社会的认同，获得合作伙伴的尊重，并促进合作伙伴承诺持久关系与共享信息的意愿。因此，从长远的利益来看，重视企业间的价值认同的情感承诺能够对供应链上下游企业间信息共享行为产生更大更持久的驱动力。

6.6.3 研究创新、局限性及未来研究展望

本研究构建并实证检验了供应商与客户间的信任、承诺与信息共享的概念模型，通过对信任和承诺的维度进行更为细致的划分，深化和扩展以往学者采用单一维度对信任和承诺的研究，并有助于丰富和扩展信任-承诺理论及供应链管理的理论体系。具体来说，本研究的创新点主要体现在以下三个方面：

（1）本研究从关系管理的角度研究信任和关系承诺与供应链信息共享的关系，论证了两个维度的信任对两个维度的承诺的影响，以及两个维度的信任和承诺分别对供应链信息共享的作用，并且通过对信任和承诺更细致的维度划分及其对供应链信息共享的影响机理的探讨，扩展和深化了 Morgan & Hunt（1994）的承诺-信任理论，显示了良好的关系管理对供应链信息共享的重要作用。

（2）信任和关系承诺在关系营销和供应链整合中的重要性已经得到很多

学者的认同(Morgan & Hunt,1994;Zhao et al.,2007)。目前虽然有些文献涉及信任或承诺对信息共享作用研究,大部分将信任或承诺视为单一维度进行阐述,这种单一性在很大程度上限制了对信任和承诺这两个多维度属性变量的深层次研究。信任与承诺作为多元双向的社会心理学变量,在不同情境下呈现出不同内涵。不少学者也对信任和承诺的多维度属性达成一致认同,指出信任和承诺是由多个维度组成的。现有文献对考察不同类型的信任对不同类型的关系承诺之影响的研究还很少见。本研究尝试从被学术界较为认可的信任和承诺的两个维度探讨对供应链信息共享的影响情况,该视角具有很大的创新性和研究价值。

(3) 供应链管理的研究发现,供应商与客户间的工具性承诺对信息共享没有显著作用,以往这些研究多以欧美等西方国家为背景,而本研究以中国文化为背景时发现供应商与客户间的工具性承诺对信息共享的作用是显著的,而且是负向的显著性影响,这一结论是非常有趣的。因为在中国特殊的商业文化背景下,该结论为解释中国供应链管理实践中的供应链企业间信息共享水平低的现象提供了有力的支持。

(4) 本研究属于横向研究(Cross-sectional Study),利用问卷调查收集到的数据来对模型进行检验,这种数据是代表性企业的静态截面数据,只考察了某一时点上供应商与客户间的信任、关系承诺与信息共享之间的关系。在任何一个因果关系的模型中,纵向的研究能提供更有用的结论(Moran & Hunt,1994),纵向研究可以为信任、承诺与供应链信息共享之间的关系提供更多的见解。因此,本研究所提出和检验的模型可以进一步运用纵向研究的方法来验证。

尽管本研究对学术界和管理界有一定贡献,但由于研究时间和个人能力等因素的限制,本研究还存在一些局限和不足,需要在未来的研究中加以改善。

参 考 文 献

［1］Bandaly D, A Satir, L Shanker. Impact of Lead Time Variability in Supply Chain Risk Management［J］. International Journal of Production Economics, 2016, 180: 88-100.

［2］Barnes-Schuster D, Y Bassok, R Anupindi. Optimizing Delivery Lead Time Inventory Placement in a Two-stage Production Distribution System［J］. European Journal of Operational Research, 2006, 174: 1664-1684.

［3］Daskin M S, C Coullard, Z J M Shen. AnInventory Location Model: Formulation, Solution Algorithmand Computational Results［J］. Annals of Operations Research, 2002, 110: 83-106.

［4］Dolgui A, M A OuldLouly. A Model for Supply Planningunder Lead Time Uncertainty［J］. International Journalof Production Economics, 2002, 78: 145-152.

［5］Funaki K. Strategic Safety Placement in Supply Chain Design with Due－date Based Demand［J］. International Journal of Production Economics, 2012, 135 (1): 4-13.

［6］Graves S C, S P Willems. Strategic Inventory Placement in Supply Chains: Nonstationary Demand［J］. Manufacturing and Service Operations Management, 2008, 10 (2): 278-287.

［7］Hammami R, Y Frein. A Capacitated Multi-echelon Inventory Placement Model under Lead Time Constraints［J］. Production and Operations Management, 2014, 23 (3): 446-462.

［8］Kapuscinski R, S Tayur. Reliable Due Date Setting in a Capacitated MTO System with Two Customer Classes［J］. Operations Research, 2007, 55 (1): 56-74.

［9］Meixell M J, V B Gargeya. Global Supply Chain Design: ALiterature Review and Critique［J］. Transportation Research Part E, 2005, 41: 531-550.

［10］Pekgün P, P M Griffin, P Keskinocak. Coordination of Marketing and Production for Price and Leadtime Decisions［J］. IIE Transactions, 2008, 40 (1):

12-30.

［11］You F, E Y Grossmann. Design of Responsive Supply Chains under Demand Uncertainty［J］. Computers and Chemical Engineering, 2008, 32: 3090-3111.

［12］Xiaoqiu Shi, Yanyan Li, Wei Long. The Integration Model of Closed-Loop Supply Chain Resource Allocation Considering Remanufacturing［J］. Frontiers of Engineering Management, 2016, 3(2): 132-135, 184-185.

［13］杜志平, 胡贵彦, 刘永胜. 基于复杂性供应链脆弱性研究［J］. 中国流通经济, 2011, 25(6): 49-54.

［14］周卫琪. 敏捷供应链下的多品种多级库存控制策略研究［J］. 合肥工业大学学报(自然科学版), 2014, 37(10): 1263-1268.

［15］贾海成, 秦菲菲. 基于泊松分布的内部集成化供应链库存控制研究［J］. 科技管理研究, 2014. 34(19): 189-194.

［16］邓汝春, 罗中, 曾贱吉. 受货物交付期影响的安全库存量的测度研究［J］. 物流工程与管理, 2009, 31(7): 44-46.

［17］丛建春, 杨玉中. 随机提前期条件下的多级库存系统优化［J］. 统计与决策, 2010(3): 65-68.

［18］戴国良. 供应链伙伴关系维系与发展机制设计［J］. 技术与创新管理, 2013, 34(6): 539-541.

［19］李辉, 李向阳, 孙洁. 供应链伙伴关系诊断管理研究［J］. 计算机集成制造系统, 2007(10): 2001-2008.

［20］周荣辅, 苏文月. 供应链伙伴特性、信息共享与企业运营绩效的关系研究［J］. 物流技术, 2012, 31(21): 356-359.

［21］叶飞, 薛运普. 供应链伙伴间信息共享对运营绩效的间接作用机理研究——以关系资本为中间变量［J］. 中国管理科学, 2011, 19(6): 112-125.

［22］曹佳, 王志坚. 影响供应链伙伴关系长久持续的因素分析［J］. 物流科技, 2011, 34(10): 87-90.

［23］邵志锋. 供应链伙伴关系的建立与维护［J］. 铁路采购与物流, 2007(5): 28-29.

［24］叶飞, 徐学军. 供应链伙伴特性、伙伴关系与信息共享的关系研究［J］. 管理科学学报, 2009, 12(4): 115-128.

［25］王丽萍, 邱飞岳, 戴海容, 等. 电子市场和供应链伙伴选择的关系

［J］. 计算机集成制造系统-CIMS, 2004(5)：550-555.

［26］张进发. 供应链伙伴关系影响因素研究［J］. 物流技术, 2009, 28(2)：120-122.

［27］徐学军, 谢卓君. 供应链伙伴信任合作模型的构建［J］. 工业工程, 2007(2)：18-21.

［28］Per Hilletofth, Dag Ericsson, Kenth Lumsden. Coordinating New Productdevelopment and Supply Chain Management［J］. International Journal of Value Chain Management, 2010, 4(1/2)：170-193.

［29］曾文杰, 马世华. 制造行业供应链合作关系对协同及运作绩效影响的实证研究［J］. 管理学报, 2010, 7(8)：1221-1227.

［30］王建刚, 吴洁, 张青, 等. 动态能力研究的回顾与展望［J］. 工业技术经济, 2010, 29(12)：124-130.

［31］楼高翔. 供应链技术创新协同研究［M］. 上海：上海交通大学出版社, 2011.

［32］Paul Gooderham, Dana B Minbaeva. Govern-ance Mechanisms for the Promotion of Social Capital for Knowledge Transfer in Multinational Corporations［J］. Journal of Management Studies, 2011, 48(1)：123-150.

［33］张诚. 我国供应链管理研究综述［J］. 华东交通大学学报, 2011, 28(3)：92-97.

［34］Yong Cao, Yang Xiang. The Impact of Knowledge Governance on Knowledge Sharing［J］. Management Decision, 2012, 50(4)：591-610.

［35］叶飞, 薛运普. 关系承诺对信息共享与运营绩效的影响研究［J］. 管理科学, 2012, 25(5)：41-51.

［36］熊胜绪, 任东峰. 新时期员工创新行为的影响因素及管理对策［J］. 甘肃社会科学, 2013(2)：215-218.

［37］王宗光, 王吟. 企业信息共享与运营绩效作用机理的实证研究［J］. 中国商贸, 2014(16)：148-151.

［38］王维, 周鹏. 企业知识共享行为影响因素研究综述［J］. 商业时代, 2014(23)：101-102.